美味的記憶

幸福溫蒂的療癒廚房

The Taste of Memory

LA MÉMOIRE DU GOÛT
EN AMOUREUX

美味的記憶

幸福溫蒂的療癒廚房

美味的記憶

幸福溫蒂的療癒廚房

Chapter 4 美味的想念實作分享

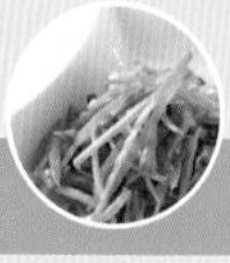

湯&沙拉&前菜

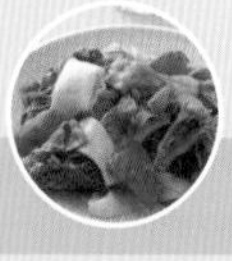

主食

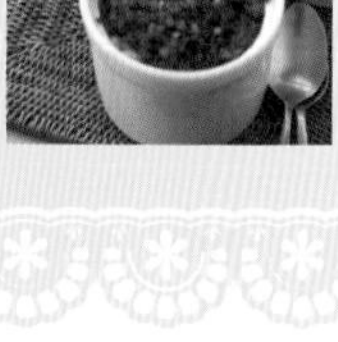
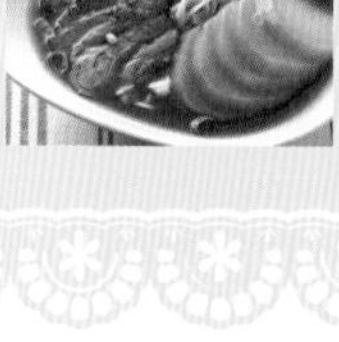
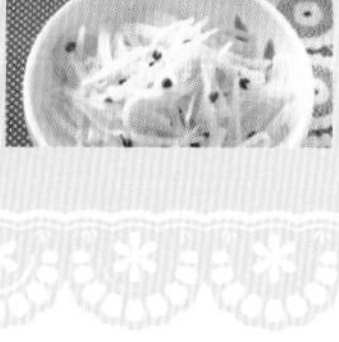
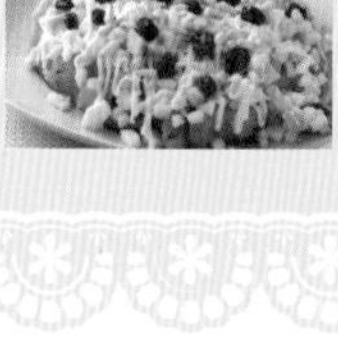

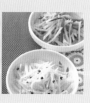

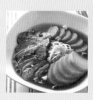

主菜

點心&飲品

延伸閱讀

結語

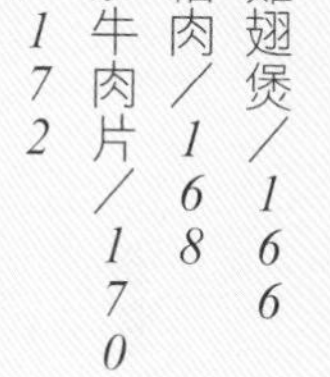
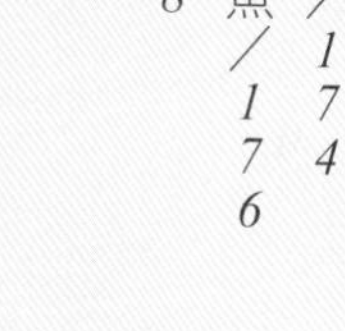
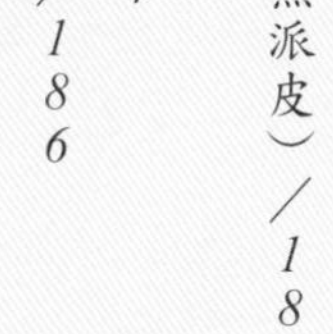

專文推薦一　阿基師（福容飯店行政總主廚）

原來幸福的醍醐味竟然是「眼淚」！

君子之交淡如水，經由友人的推薦，有幸先睹為快《美味的記憶》書稿，感受到wendy與生命伴侶悲歡離合、生離死別的心境；敬佩wendy縱使不捨，仍學會放下，告訴自己「未來的日子還是要好好過」，沒有虛耗光陰，浪費在自憐上，而是去迎接更充實、更美好的未來人生。老實說，活了一把年歲終於見識到所謂真正的水乳交融、伉儷情深。

好感動！原來幸福的醍醐味竟然是「眼淚」！

好一個迴轉味，真的是入味三分處，有如沐春風之感。不論是升格人妻第一次下廚就引來差點失火的危機處理，或是之後雪恥成就的醋溜馬鈴薯、雙色椒薯絲，真是另類提升色、香、味的妙招啊！

好創意！驚見空心菜梗竟也可以做泡菜，讀者好友有想到嗎？

真心話！既呼應綠能環保又不浪費食材，多年餐飲經驗的阿基師也是此刻才頓悟，好了不起呢！

其他如白花椰泡菜、白花椰泡菜辣炒牛肉片都是經典作品。此外，菜丸子細燉出尊貴又平實的美味，且不輸專業大廚的工法，可以體會到溫馨、團圓的內在，齒頰留香散佈滿滿福分。

這是一本值得讀者細細品嘗，有深度的情感美味佳作，誠摯推薦之！

專文推薦二

鍾昌宏（前馬偕紀念醫院淡水分院院長&台灣安寧照顧協會創會理事長）

調製樂活的生命智慧

十六歲時的Wendy認識大她十一歲的先生（John），二十歲時兩人共結連理過家庭生活，卻在兒子結婚前二週，突然獲知丈夫罹患末期肺腺癌，已有骨及腦多發轉移之突發信息，可能所剩短暫生存時間，且要遭受到身體疼痛及化療引發嘔吐、掉髮、疲倦等不適的併發症。

雖然一般認定John在癌症末期，生命應極為短暫，但夫妻兩人卻憑著愛心、毅力及信仰，使John多存活了兩年。John多次進出安寧病房，獲得安寧病房提供身心靈完整的照顧，在John人生最後的時刻，溫蒂在安寧病房牧師的關心與祝福中，瞭解「神所賞賜的，神也會取回。」牧師建議他們互相道別與祝福。

溫蒂從幸福女人仰賴另一半，在四十八歲那年卻失去另一半；在家人親友之鼓勵與宗教信仰中找回自身內在的力量，在恩典中發揮其才能與潛能。

她停止了哭泣，走出了傷痛期，勇敢展現「一個人也要好好過」。

她化悲傷為力量，不只追尋、想念那過去的幸福，也藉著各種廚藝分享，調製專屬「家的味道」，讓味蕾喚起了心靈的慰藉，不只安慰自己，止於哀傷，也讓更多人感到幸福與樂活。她主動參加樂團擔任主唱，並多次到安寧病房（參見書末延伸閱讀）分享及獻唱，不只是自我療傷，也幫助安寧病房的病友與家屬得到心靈的安慰，更激起工作人員更多愛的力量，也藉著園藝種植幫助她看到生命的持續與美好。

看到作者溫蒂歷經喪夫之痛，卻在安寧病房領受到愛與扶持，願意將愛分享給讀者們，不但有心靈的寄託，且有生命的重生；化悲憤為力量，活得更有意義、品質與尊嚴，領受到生活智慧與神的愛，把感情昇華，也藉著神給她的恩典、恩賜去幫助別人。幸福溫蒂告訴我們：「幸福有否是憑自己的感動與表現，以及親友們的支持與肯定。」

祝福溫蒂幸福永遠、神恩滿溢；也祝福讀友們健康、快樂，人生充滿積極、樂觀、進取、肯定與喜樂。

專文推薦三　趙強（馬偕紀念醫院台北院區營養課臨床組組長）

烙印在舌尖的味蕾是最佳的療癒處方

讀著Wendy的書稿，心中浮現起一幕幕自己陪在病人身旁的影像，這些病人中，曾有一位是我摯愛的母親。

讀書，我從小就不愛，成績，還可以過就好。

「功課呢？」

「寫完了。」

母親幾乎不檢查我的作業簿，偶爾看到我的國語作業簿上的成績——「又吃餅（丙）啊！」可是她從不會像隔壁同學的媽媽那樣要求重寫。省下來的時間，我除了像個野孩子在附近的學校、田園或林子裡玩耍外，最常做的事，是窩在廚房裡看她做飯煮菜。雖然真正讓我做菜的機會不多，但是需要力氣的活兒，我倒是可以幫不少忙。

當營養師多年後，我體悟到「吃得下，才是營養」。

「營養師，阿嬤現在胃口很差，吃不下，但醫生說她需要補充營養耶，該怎麼辦？」

身為營養師，見到吃不下的病人，也總為她心急。詢問過牙口不佳的阿嬤平時最愛吃哪些食物後，囑咐她的孫子去買一瓶軟爛的蔭瓜，好讓她能嘗試著吃些稀飯。

「營養師！」一聲帶著責備口氣的聲音在身後響起。

「我媽不是不能吃太鹹嗎？為什麼要買蔭瓜？」

「你母親現在吃得少，少量蔭瓜並不會影響病情，重點在讓她吃得下，有體力繼續治療……」

當我費盡唇舌解釋完理由，讓家屬去買蔭瓜，已是二十分鐘之後了。

「營養師，我爸最近牙齒很不好，只能吃一些軟爛的食物，我們只能用調理機或調理棒將食物打碎……」

「以前他不是很愛吃牛肉嗎？你們可以把牛肉燉到軟爛再給他吃啊。」

「可是醫生交代過不能吃動物油，我們不敢用牛腩，瘦肉或腱子肉又很難煮軟，他咬不動！」

「我教你們一個可以把牛腱煮軟，讓牙口不好的人可以吃的方法……」

每當提到一些我覺得很普通的烹調或處理食物的方式時，病人或家屬常急忙拿出紙筆作筆記，甚至針對製作細節一一詢問，深怕漏掉哪個步驟而導致失敗。

起初我心想：我會的烹調方式，都很普通，何必作筆記呢？後來，我才發覺，我所知道、我所會的食物烹調方式，都是從小在母親身邊看來的，時常吃到，那個味道，早已烙印在我的舌尖上。

雖然機會不多，但若是有機會展現廚藝，我可以很快地做一桌菜給家人吃。但很奇怪，雖然準備做同一道菜，每回做的時候，我總想要變化一下，結果就會得到「這跟上次做的不一樣」的評語。或者，我也可以用冰箱裡有限的剩餘材料做出一些組合看似奇怪，但味道卻相合的料理。

為何如此？哈！小時候我總是向媽媽抱怨菜色怎麼老是相同，然後就會在餐桌上看到相同的菜，卻有不同的作法。

也許是骨子裡有些叛逆，不喜歡一成不變，但卻有個老媽可以滿足我。而我自己，不論是念書或工作後所開的菜單，抑或是自己做菜，食譜提供的組合與作法，僅供參考，他寫他的，我做我的，常招來「不地道」的評語，但對我而言，這些不地道的菜色，卻是從小被我的舌頭記憶下來，充滿了母親寵愛味道的料理。

食物，不只提供營養，更提供了料理者的心意。病人，常有特別的飲食需求。癌症病人，特別是接受化療或放療的病人，更是常有噁心、嘔吐、食欲不振的相關症狀出現。給予適切的食物與料理，可以緩和症狀，更能提供營養，使體力得到補給，使令人沮喪的疲憊感減輕。

有時候，心，也會沮喪，食物，尤其是讓人想念的滋味，能療癒。Wendy如是說：上帝，終究沒把先生還給我。但留給了我，美味的想念。

謝謝妳，Wendy，讓我可以透過妳的分享，不論是心情或是料理，使我想念在天上有上帝相伴，不再受癌症纏擾的媽媽，回味小時候與她一同分享各種料理，回味原本以為很普通、從小習以為常，但其實充滿了愛寵的味道。更知道，我可以繼續與病人分享來自食物的營養與料理的心意。

專文推薦四　羅敏慧（合一教會主任牧師師母）

結出生命的幸福果子

「每個人的失去都不一樣，關鍵不在於失去了什麼？而是你因這個失去而換來了什麼？」

多年前，美麗又幸福的Wendy，因著三十年來摯愛的先生John罹患肺腺癌末期，讓上帝接走了，她告訴自己「幸福來了，就好好珍惜；噩耗臨到，就勇敢面對！」

她感謝上帝開路，讓她從下廚做菜中療癒悲傷，再次展開不一樣的幸福人生！

這本書，不僅讓讀者可學會藉簡易隨手可得的食材與簡單的作法就能做出美味料理，更值得深思玩味的是書中體會而來的「幸福調味罐」，例如：

・珍惜生命中的小確幸，因為它隨時可能會消失。

・順境、逆境都是生命風景的一部分！

・適當的教養方式，可以幫助孩子調製出最棒的生命風味。

・只要以愛為出發，耐心表達，溝通就不是難事。

・縱然一生中原有的那棵大樹不見了，我的內在生命樹，卻逐漸開枝放葉，且越發茁壯，其養分正是來自於美食。

認識Wendy以來，知悉她生命的故事：從擁有到失去，從被愛到愛人，從溫室到暴風雨，從柔弱到勇敢，從不懂做菜到一手簡單又富創意、美味加美感、養生兼具的料理等。看見她因著上帝所結出的生命幸福果子，如今不斷地分享在別人的生命中，她用一貫特有的優雅姿態，毫無保留的分享帶給周圍的人感受幸福的確幸與美善，我深信在天上的John也要為他最愛的Wendy含笑大聲拍掌。

我要誠摯邀請您藉著閱讀此書，也烹調出屬於您的幸福，更進而成為他人的祝福。

專文推薦五　沈依婷（中華奧林匹克委員會副秘書長&前台視主播）

活出生命的甜美與精彩

我從台視退休後，在教會認識書中男主角John，我們同屬一家庭小組，每週二晚上聚會。John當時已生病，但仍固定出席，且不顧病體，每次都先跑去買好吃的食物與大家分享，令我們十分感動。家庭小組是成員間就生活上問題彼此溝通交流，John話不多，個性溫和卻堅毅，從不談論自己的病情或顯露被病魔折騰的痛苦，反倒會溫言安慰其他受挫折的弟兄姐妹。

我搬家後換了教會，輾轉聽說John被主接走，太太Wendy悲傷不已，由小組長月華陪伴輔導。沒想到數年後，Wendy來到教會，美麗大方，看不出曾歷經生離死別的漫長路程。她參加詩班、出版CD、去醫院慰問傷病，用清幽的歌聲撫慰許多憂傷的靈魂。

之後我跟Wendy成為朋友，有幸受邀坐在花木扶疏陽台邊的大餐桌上，睜大眼望著一盤盤佳餚，如變魔術般出現眼前。各式美食以最美麗的面貌，井然有序的排列在精緻卻個性鮮明的餐具上，散發香氣，誘惑賓客蠢蠢欲動的食指，儘快以行動來滿足打心底升起的渴望。我因職業之故，吃遍半個地球，年紀漸長，對食物的要求更龜毛，追求清淡又美味，Wendy完全征服了我挑剔的味蕾，甚至連甜點都讓我這個不愛甜食的人饞嘴不已。

Wendy不是科班出身，也沒上過烹飪學校。我一邊咀嚼，一邊暗自驚訝：「這麼漂亮優雅的人，竟輕輕鬆鬆就燒得一手好菜，是John調教有方呢？還是她天生如此蘭心蕙質？」讀完書稿我恍然大悟，Wendy的確是天生蘭心蕙質，但如果沒有John，她也建構不了這樣一個幸福廚房。John並沒有調教她，而是成就了她，用愛灌溉她；Wendy回應，以愛烹調，結果開啟了自己的潛能，研發出Wendy的這本有溫度的食譜。

John走後，Wendy靠著神的愛，用烹飪療癒，走出流淚谷。現在她願意出書分享自己的生命故事，同時也無私的公開食譜一饗同好外，更希望能夠幫助有相同或類似經歷的人，活出生命的甜美與精彩。

也相信有一天，當John在天堂迎接Wendy時，必定會讚許的點頭說：「我的小女孩長大了，妳做得真好！」

專文推薦六　斯美齡（麗舍生活國際股份有限公司總經理）

最有味道的一本書

沒有華麗洗鍊的文藻詞彙，沒有精準的情節轉折舖陳，然而《美味的記憶》是我近期讀過最有味道的一本書。

如果你以為這是一本談食物的書，那你大可放下，因為書店裡有滿架來自世界各地名廚出的食譜，它可以教你做菜，但是沒辦法教你如何去愛，如何去過生活。

如果你以為這是一本緬懷先夫、掬人眼淚的悲情小說，喜歡言情小說的讀者，我也勸你放下，因為不過癮，哭沒兩下怎麼胸腔被愛及美味的食物填滿了！

當然如果你以為這是一個中年女人尋找生命內在力量過程的勵志書，大可不必，沒有這麼教條。

那麼美味的記憶是什麼？作者Wendy用最平淡的口氣，談她的幸福與悲傷，十六歲結識她先生，直至四十八歲時她先生在安寧病房過世，字裡行間充滿不捨的愛戀。剛開始她像繭一般關閉自我，讓悲傷像蝴蝶般飛翔，最終她用食物療癒了自己，也暖化了朋友的心、胃。

我相信不管你是誰，你的性別、身份，這是你書架上必加的一本書，照著美味食譜燒頓飯給你愛的人吧！如果你單身，一個人也要好好過。

專文推薦七　裘海正（福音歌手）

不懼怕失去，才是真擁有！

我的摯友Wendy出了一本好書，你也許覺得眾多美食叢書中不過又多一本吧！然而稍些品嘗就會驚豔原來你已處在一個愛與生命的筵席中，而且流連不已！

我一直認為「擁有」才是幸福，但在Wendy的身上我體會到人唯有「不懼怕失去」才是真正的「擁有」。

如同書中說到一群男人以悲傷撕裂的狼嚎聲紀念逝去的好友，似乎是強烈地表達「失去」的痛心，但另一方面卻紀念著共同「擁有」過的深厚情誼！

一個強忍哭泣與父親告別的獨子，似乎難忍「失去」的傷痛，但另一方面卻驕傲地因「擁有」這位父親為榮。

鶼鰈情深的愛妻Wendy，丈夫安息主懷似乎是「失去」不再相伴，但另一方面，在基督裡她看見兩人在天上手牽手共同「擁有」美好的永恆！

Wendy樂意把這份專屬她的「擁有」分享眾人，頁頁馨香輕飄出味蕾間的幸福與心靈的感動！

願主記念Wendy姐妹的愛心、信心與用心，並求主保佑她及家人！

PS：Wendy姐！妳的菜潤了我的音色，你的愛添了我的心力！我非常樂意隨時當你廚房旁的聽眾和新菜色的試吃客哦！

專文推薦八　徐玫怡（圖文暢銷作家）

一個很熱愛為他人創造幸福感的女人

有一天，接到一通電話。從前我在唱片公司的主管Grace打電話給我。

「食譜書你會做嗎？」

「哈，有興趣！我看了好多食譜，我知道怎樣的食譜能夠吸引人！」

居住在國外不方便外食，得天天煮飯，相關食譜書看了不少；以前在唱片公司要幫歌手出專輯唱片，通常是由企劃部門構思整理出一個適當的概念，然後再逐步發展成一張專輯。要我企劃可以發表的概念，並不很難，但無論如何，本人的特質還是最重要的，一定要從作者本人的特色來發展。

於是我來到了Wendy家，也陸續吃了幾次Wendy的料理。我自己常做飯，心裡明白，家裡做的料理和餐廳大廚的方式是不太一樣的。好吃不見得一定是什麼叫得出名字的大餐。繁複的大餐擺出來雖然好看，但是天天在家煮飯的人卻不一定用得上。然而初次見到Wendy的料理就讓我有強烈想學習的念頭。畢竟我不是廚房生手，我知道這裡面有一些我沒嘗試過的方法。

「這樣簡單的東西也可以把它變得這麼好吃！」

「樸素的方式也能點出特色！」

我不像是去幫忙構思書本概念的人，反而成為一個什麼都想學習的徒弟。就連餐桌上的水、擺設的碗盤、飲食的氣氛……Wendy家的大圓餐桌以及餐桌以外的小物小花皆是重點，都成了襯托主食最美妙的助力。料理和環境的氛圍處處可見巧思，可以感覺這是一個很熱愛為他人創造幸福感的女人。而這份時時不倦怠的巧思，展現了Wendy對身邊所圍繞的愛的一份誠心回饋。

朋友對她好，她以巧思的優雅下午茶回饋；丈夫對她好，她以細膩的照顧、溫柔的飲食回饋；孫女對她好，她以夢想式的天真之心回饋。現在她感謝上帝對她好，所以願意分享在人生劇變後重生的體會來溫暖這個世界。

每次只要多聽到一點點Wendy跟John的愛情故事，就覺得好感人，他們彼此都好體貼，對愛都好珍惜！所以John的離去，不難想像Wendy要從痛苦中脫離是多麼艱辛。

「一定要把你們的故事寫進來，料理的滋味會更豐富！」一邊看著書稿的我，一邊猜想，就像John第一次在舞會上見到Wendy的樣子吧！

作者序

眼淚，是幸福的醍醐味

我的前半生，幸福，總是來得那麼理所當然。

十六歲的尾聲，在一場聖誕舞會認識了我的先生；二十歲，成為他的妻子。曾經以為，我們會一直攜手到老，可以當他一輩子的小公主，享受被愛、被呵護的感覺。直到我四十八歲那年，先生被醫生診斷出罹患癌症，日子所剩不多，我才驚覺，原來幸福，也會有消失的一天。

那種感覺就好像有一個小女孩，手裡拿著一支棒棒糖，還邊吃邊跳，開心極了。哪知，突然有人從後面把棒棒糖搶走，小女孩嚇得大哭，哭得好傷心，因為她不知道是誰拿走了最愛的棒棒糖，之後會不會再還給她……

那個小女孩就是我。但，我沒有在原地哭太久，因為後來神就牽著我的手，打開一扇窗，說，「來，我跟妳說，前面還有比棒棒糖更好的東西。雖然以前的那一片天沒有了，但現在為妳開的這扇窗，也有一片藍天等著妳……」

於是，我開始靠著做菜來療癒自己，還錄製專輯，到各醫院的安寧病房獻唱。我自認為不擅長講話，藉由詩歌的分享，可以傳達激勵的力量，告訴安寧病房的病患和家屬，我也曾經有過相同的經歷。而且，未來的路還是要走下去，只要你願意，有一位天父會無條件陪伴著你。

我並不想講什麼大道理，只是單純希望自己的故事能貼近每一個女人的心，鼓勵女人要懂得肯定自我價值。尤其是空巢期的時候，一定要為自己再做一些什麼事情，愛美食就專門去研究美食，用這個去交朋友。只要懂得找一個媒介來開啟友誼之路，人生就會越活越精彩。

《聖經》有段經文說，「我實實在在的告訴你們，一粒麥子不落在地裡死了，仍舊是一粒，若是死了，就結出許多子粒來。（約12：24）」

這是一個女人從仰賴另一半，到慢慢找回自身內在力量的過程。每個人的失去都不一樣，可能生離也可能是死別。關鍵，不在於失去了什麼？而是你因為這個失去而換來了什麼？

我用眼淚換來的是：發現來自幸福的能量。

Chapter 1

療癒廚房之
Hello & Goodbye

一直到先生的遺體被運上救護車，
車門放下來的那一刻，
我才驚覺到，他真的要走了。
無視於旁人的眼光，生平第一次，
我像個小女孩一樣站在原地嚎啕大哭，
因為，生命中的大樹不見了。

淚眼婆娑中，我彷彿看到三十多年前，
俊俏挺拔的他，穿越舞池，走到我面前伸手邀舞。
浪漫音符挑動年輕的心，跳著跳著，
他突然深情地對我說：「我覺得我會娶妳。」
這一句催眠式的告白，
我倆的愛情故事，就此展開……

You Are the Apple of My Eyes

十二月的冬日，宛如一盤撒了七彩巧克力米的雪花冰——冷調，卻又帶著甜滋滋的繽紛。就是在那樣的一個季節裡，十六歲的我，初嚐戀愛滋味，對象是一個大我十一歲的男生。

我們的相遇，是在一場聖誕舞會。

那天，我身穿一襲澎澎袖洋裝，腳踩麵包鞋，像是一個準備去參加皇家舞會的小公主。「會不會因此遇見我的王子呢？」輕輕晃了晃頭，我要自己別想太多。

但緣分的事，誰說得準呢？

舞會開始沒多久，就有一個帥帥的男生走到我的面前，禮貌性地邀請我跳舞。我嚇壞了，不，應該說，我簡直害羞死了。長這麼大以來，我連慢舞都不會跳，更別說要跟一個陌生男生手牽手一起跳舞了。

有些難為情地，我還是向他坦承：「可是，我不會跳舞耶！」

「沒關係！不用擔心，我會慢慢教妳。」

就這樣，我們開始跳起雙人舞，而且還從舞池跳到了現實生活中，一切只因為他在跳舞的時候，跟我說了一句，「我覺得我會娶妳！」我就像是被下了幸福魔咒一般，從此堅信不移。

但其實那個晚上，我對他的認識並不多，只知道他的名字，二十七歲，未婚，朋友都叫他John，和幾位朋友合開一家成衣貿易公司，是個事業才剛起步的大男生。

John的朋友很不解，先前曾經為他介紹過很多的女孩子，他一個都沒看上眼，怎麼參加舞會就愛上一個年輕女孩，那群朋友還因此為我取了一個綽號，叫做「小Miss」。

舞會結束第二天，他就成了專屬保鑣，每天開車到學校接我下課（當時我才就讀高二），深怕一不小心我就會被其他男生給搶走。殊不知，從來沒有交過男朋友的我，心裡早已認定，面對其他異性的追求，我都會直接表明，說：「不行！我已經有男朋友了！」

多天真的一個女孩子！有時我會想，大概也只有那個年紀的自己，才會那麼單純無瑕吧！我猜，那或許也是他喜歡我的原因之一，畢竟出了社會的男人，經歷多了，確實很難尋覓到那種純純的愛。

沒有任何的算計。我們之間的愛情，純得可以，同時也熱烈得像一顆紅通通的蘋果，讓人想要小心翼翼地捧在手掌心。

我永遠都忘不了那一幕！

相戀沒多久，照慣例，我都會趁著周末假日搭車回中部老家。對比以往都是獨自一人到公路局等車，這次有人開車接送，離別的氛圍顯得特別濃厚。

上車前，John買了一顆很大的富士蘋果給我。現在的人可能很難想像，在當時的那個物資普遍匱乏的台灣，一顆從日本進口的富士大蘋果，要價不斐，不是平常隨便可以吃到的水果。但在他的心目中，我就像是一個還沒長大的小女孩，擔心我返家的路途上會餓著，說什麼也要讓我帶上一顆。

車子緩緩啟動，隔著玻璃望著窗外的他，強忍已久的淚水還是忍不住潰堤。我哭了。

John見狀，很是心疼。只見他不斷重複用手指了指臉頰，然後再揮揮手，用動作示意，叫我不要哭。

點點頭。走回位置，坐定。

輕輕咬下一口富士蘋果，任由飽滿汁液滲透每一寸味蕾。那種酸酸甜甜的戀愛滋味，這會兒，我可是扎扎實實嚐到了。

隨身帶上的一壺飲品，還是John的父親特別用甘蔗、蘋果、紅蘿蔔、玉米、荸薺等蔬果熬煮出來的**蔗蘋蔬果飲**（作法詳見一八七頁），味道甘甜，說是有助於提升免疫力。當然，也讓我跟John的感情，越來越升溫。

幸福調味罐：沒有算計，純純的愛永遠最真摯動人。

年紀輕輕走入婚姻，學習親密關係的大鍋炒

思念，排山倒海。

公路局車站別離後的隔天，John就追到我家來了。顯然是有備而來。一進門，打過招呼之後，他就直接對我的父親說，「我想要娶您女兒……」

「等她二十歲以後再說吧！她的年紀還那麼小……」父親當時沒答應，不是對John不滿意，而是考量到我太年輕，高中都還沒畢業呢！

母親雖然沒什麼意見，但也曾經因為John年近二十八且身旁朋友皆已成家，懷疑過他是不是有婚姻記錄，還要我偷偷看一下他的身分證，確認配偶欄是不是空白。

我照做了，但方式光明正大。不知道是因為心思太單純，還是他的表現，讓我打從心底就信任他，我從來沒有懷疑過他說的每一句話，看身分證這件事，我也是直接告訴他，說：「我媽叫你給我看一下身分證。」確實是單身。

為了順利將我娶回家，John果真耐心等待了三年。有趣的是，那段等待的日子裡，我也一直懷抱著一顆「待嫁女兒心」，認定此生最重要的任務就是嫁給John，成

現在的Wendy並非不會愛了，
也仍舊保有愛人的熱忱。
差別在於，
面對愛情，已經多了些理性和冷靜。

為他的妻子。

那樣的癡心絕對，如今看來，連我自個兒都不禁莞爾，再去回想那時的自己其實又有那麼一點羨慕。我羨慕十六、七歲那個正值花樣年華的Wendy，可以遇到一個那麼全心全意相愛的男人；我也羨慕當時的自己，願意用自己所有的生命去愛一個男人。

熱切地，愛著。

時隔三十多年，現在的Wendy並非不會愛了，也仍舊保有愛人的熱忱。差別在於，面對愛情，已經多了些理性和冷靜。有時我也會想，這樣的改變好嗎？太過理智的結果，反而很難進入到一段關係裡面，因為還沒開始，我就已經透過客觀分析和觀察的方式，預見兩個人不適合，互動也就此打住。

說到底，想要擁抱愛情，有時還真的不

能太理性。但即使如此，我還是寧可選擇理性多一點，畢竟我已經不是懵懂的小女孩，現在一個人活得精采，也擁有豐富多元的社交圈，兩個人在一起，若是不能經營一段有品質的伴侶關係，我又何苦找個人來為難自己呢？

女人，真的要多愛自己一點。尤其當妳懂得珍視自我的時候。同樣地，男人無條件的愛和呵護，那種任何保養品都比不上的滋潤，也會讓一個女人更顯光彩動人。

相識第一天起，John就是用生命在愛我、滋養我。就連他的父親也幫著一起照顧我，三天兩頭就會煮一鍋**白木耳蓮子湯**，讓他特地送來給我喝。很簡單的一道甜湯，但因為多了愛的成分在裡面，滋味特好。

白木耳蓮子湯

二十歲，在眾人的祝福下，終於，我如願披上白紗，和心愛的男人攜手步入結婚禮堂，成為他的新娘。

原先我對婚姻的想像很簡單，就是在家燒飯、帶小孩，好好扮演一個家庭主婦的角色。實際進入到婚姻才發現，光是「下廚」這件事就是一門大學問，尤其是對於當時只會煎蛋和炒幾道青菜的我來說，真正的人妻震撼教育，才正要開始。

幸好，我還算是一個懂得變通的人。一開始不擅長烹飪，在學習煮菜的同時，我也會盡量選一些比較簡單的料理來做，還有每隔幾天就變化做幾樣小菜，對初學的我就足以應付三餐了。例如**醋溜馬鈴薯**（作法詳見一四六頁）就是很好上手的一道快炒菜，是一道值得推薦給新手人妻的不失敗料理。

醋溜馬鈴薯・雙色椒薯絲

幸福調味罐：女人要懂得珍視自己，不委屈，才能愛得更完整與幸福。

炒菜炒到廚房差點失火，激發學做菜的鬥志

真的不誇張！婚後第一次下廚，我就差點把廚房給燒了。問題就出在，做菜的順序不對。

我以前的印象是炒菜一定要大火，所以倒了沙拉油之後就馬上開大火，但另一頭我連菜都還沒切好。鍋子熱過頭的結果就是，大蒜一丟下去，燒焦；再把菜丟下去的時候，「轟！」整個鍋子就著火了。

更可怕的還在後頭。老一輩的人應該都知道，那個年代的抽油煙機鋪的是不織布的棉網，用那塊來吸油。想像一下，當火一衝上去的時候，抽油煙機同時抽風，那塊不織布當然就燒起來了，而且還越燒越旺。

「啊——」情勢一發不可收拾，我嚇得驚聲尖叫，腦筋一片空白。先生跟公公聽到尖叫聲，立即衝進廚房，先生忙著安撫我，公公則是趕緊用鍋蓋把鍋子的火給蓋住。火燒廚房的危機，因此解除。

公公也嚇到了。從那一天開始，每次只要我一進廚房燒菜，他就會拿著鍋蓋在旁邊待命，深怕一個不小心，我又把廚房給燒了。我知道公公是好意，也沒有任何苛責我的意思，但先前的失火記錄，對當時一心想成為稱職家庭主婦的我來說，多少還是會覺得有些難為情。

那件事情甚至還激起了，讓我想要「雪恥」的學習動力，期許自己有一天也能夠燒得一手好菜，讓大家刮目相看。

教戰手冊，當然就是一本本的食譜囉！剛結婚的時候，還沒有懷孕，所以最重要的事情，就是提著菜籃到菜市場買菜，每天都會看書研究一道新菜色，再煮給公公和先生吃，而且每次得到的評語都是：「好吃！」

嚐起來是不是真的那麼美味？新手上路，一定有進步的空間，但這就是我要特別感謝公公和先生的地方。婆婆過世得早，公公本身就燒得一手好菜，卻願意將廚房讓給我，還從未嫌棄我煮的任何一道

白花椰菜泡菜

空心菜梗泡菜

菜，光是這一點就帶給我很大的鼓舞和激勵。

其實無論是學做菜還是學什麼新事物，道理都一樣。過程中固然充滿驚喜，卻也難免挫敗，這時候，身旁若是有一個或幾個能夠支持自己的人，路，自然能走得比較長遠。

我很幸運，嫁到一個願意支持我的夫家。試想，如果當初先生或公公每天嫌我煮的菜不好吃，大概沒多久，我就會放棄學習如何做各式各樣的料理，也就不會有現在這本書問世了。

如同醃製泡菜，需要經歷一段時間的發酵；從火燒廚房的新手人妻，到烹飪喜愛與享受，同樣需要不斷的累積。這是一個自我實現的過程，廚房就是我的創意實驗室。很多人都是用高麗菜來醃泡菜，我卻偏好**白花椰菜**或是**空心菜梗**（作法詳見一五二頁、一四八頁），口感獨特，大家不妨試試。

幸福調味罐：用醃製泡菜的精神來實踐夢想，耐心等待熟成。

調製專屬「家的味道」，讓味蕾喚起心靈慰藉

有沒有這麼一道料理，讓你一入口就掩不住鼻酸，所有關於家或家人的記憶，一股腦兒全湧上心頭。眼眶的淚，來自於內心的五味雜陳。

味覺，也是有記憶的。

菜丸子。若有人問，什麼食物會讓我聯想到從小長大的那個家，我的答案就是**菜丸子**（作法詳見一八二頁）。作法十分簡單，卻包裹著我的父母親在匱乏年代，試圖傳遞給子女的那一份，飽足的愛。

我出生在一個公務員家庭，父親的薪水微薄，勉強維持一家九口溫飽。當時的台灣社會普遍不富裕，更不像現在，小孩子想吃零食或速食就輕易吃得到，為了讓我們這些小蘿蔔頭們能夠解解饞，父母親每個禮拜都會炸一次菜丸子。

那大概是我們全家人最團結的時候。印象中，一家人擠在廚

菜丸子

↖菜丸子作法雖然簡單，但這個滋味卻可以讓全家人存留一輩子的美味。

房裡，父親總是忙著用虎口擠出一顆又一顆的菜丸子，動作迅速熟稔；母親則是負責炸，同時將已經炸好的菜丸子分配給家中七個孩子，每個人一次領三顆，吃完就得再重新排隊，直到油鍋裡的菜丸子一顆不剩。

趁熱，咬下一口香脆的菜丸子，高麗菜、紅蘿蔔、洋蔥等幾樣食材，在口腔裡譜出了完美的蔬菜協奏曲。和些胡椒粉之後，香氣逼人的程度，更是直嗆腦門。那段被味覺和嗅覺填滿的童年記憶，至今仍是我腦海中最幸福的儲存。

婚後三年，隨著兒子的誕生，我也不禁想，專屬我們一家三口的味覺記憶，又是什麼呢？後來，我開始嘗試自製油蔥酥。

油蔥酥，只是料理中的配角，無法自成一家，卻擁有魔法般的神奇提味效果。尤其是像我們這樣的小家庭，有時想簡單解決一餐，油蔥酥就派上用場了。不管是燙青菜還是下麵條，只要淋上一匙油

↖古早味的油蔥酥，自用送禮兩相宜。

蔥酥，整個屋子就香味四溢，瀰漫著幸福的味道。

其實，油蔥酥之於料理，不也像是父母在孩子生命中扮演的角色嗎？上帝造人，每個孩子都有與生俱來的恩賜和特質，無論基底為何，父母都扭轉不了其本質，就像油蔥酥也無法改變食材本身的特性一樣。但透過教養方式的適當加添，還是可以協助孩子調製出最棒的生命風味。

回到食物這件事情上。油蔥酥的另一個好處是，製作完成之後，分裝成罐，送禮自用兩相宜，外出旅行時，攜帶也很方便。

有次和幾個朋友相約出遊。晚上住在郊外民宿，附近沒什麼小吃店家，只好親自下廚，當天靠著一罐油蔥酥和一包麵條，就讓大家吃得很開心；三不五時，我也會將罐裝的油蔥酥稍微包裝一下，分送親朋好友。禮輕情意重，收到的人每次只要一聞到油蔥酥的味道，都會想起我這位關心他們的朋友，想忘都忘不了。

瞧！這不也是一種很高明的情感置入？

幸福調味罐：適當的教養方式，可以幫助孩子調製出最棒的生命風味。

被迫拆封的苦難醬包，成為人生另類調味

十六歲，在聖誕舞會遇見生命中的Mr.Right——John。對我來說，幸福來得很突然，甚至可以說，很理所當然。

將近一輪的年齡差距，拉大了先生對我的包容和耐性。夫妻之間難免口角，每次只要一有衝突，先生都是主動退讓的那個人，他最常說的一句話就是：「我在等妳長大！」

天知道，在先生的羽翼護庇下，我怎麼可能會有長大的一天。況且，我根本不想長大。只要有他在身邊的日子，即使已經生了孩子、當了媽，我都還是像個天真的小女孩，喜歡在他面前任性撒嬌。

同樣身為女人，母親總說我真的很幸運，能夠嫁給John這麼好的一個男人。有一次生日，他送我九十九朵玫瑰花，鄰居看到他抱著那麼大的一束花回家，還忍不住起疑，我和先生的關係。

當時我想都沒想到，那麼健壯的一棵大樹，竟然也會有倒下的一天！

先生是一個生活規律、飲食節制，還每天打球運動的人。每年定期健康檢查的結果也都顯示身體狀況沒問題。當時包含我在內，身旁的一票朋友都認定，我們幾個人當中最不可能生病的人就是他。無奈，事實擺在眼前。

先生是在五十八歲那年開始出現腰痛症狀，但在這之前，原本就有坐骨神經痛的問題，便不由它想，一直朝這方面就醫治療，每天吃肌肉鬆弛劑和做復健。直到要籌備兒子的終身大事前的兩個星期，夫妻倆還特地飛到香港去選購燕尾服，下榻傍晚，先生在飯店裡喊腿痛到受不了，甚至還痛到眼淚直飆，我才驚覺事態嚴重。

隔天回到了台灣趕緊就診，電腦斷層掃描結果一出來，醫生便宣告我的先生罹患了癌症。

往事，歷歷在目。至今我仍清楚記得，先生入院後的第一天，醫生就把我請到護理站，說：

「Wendy，我有個壞消息，妳先生的癌症已經擴散了……」

那時我對癌症沒什麼概念，心想，應該不嚴重吧！

第二天，我又被請到護理站，醫生話說得更重了⋯

「我告訴妳，他的骨頭都有了，癌細胞已經轉移到胸椎，而且連大腿骨頭都有了。」

我有點害怕了，開始發昏。

第三天，還是護理站。醫生指一邊的螢幕一邊解釋⋯

「妳看，他的腦部裡面已經有四十幾顆小腫瘤。」

「這麼多啊！可以開刀拿掉嗎？」我天真地問。

「不可能，這裡面只要有一顆腫瘤壓到腦幹，你先生就活不久了。」

「那⋯那⋯那⋯還⋯⋯可以活多久？」

「樂觀一點是一個月，最短可能只有三天⋯」「妳了解嗎？」

主治醫師是我的朋友，擔心我還有不清楚的地方，又追問了一句。

「我了解！」語畢，碰一聲，我就昏倒在地。

醒來，睜開雙眼，我已經躺在護理站的休息室。

宛如一個裝滿沸水的壓力鍋，悶在裡頭的水蒸氣，多到隨時可能將蓋子炸開。連日承受的心理壓力，也幾乎壓得我喘不過氣來，終於，我開始放聲大哭。邊哭邊對醫生友人說：

「怎麼可以這樣子，再過十天，我的兒子就要結婚了，現場有五百個賓客要接待，上海公司員工也等著發薪水，該怎麼辦啊？該怎麼辦啊？」

一如往常，幸福來得很突然，先生罹患癌症的噩耗，同樣讓我措手不及。但，終究還是得面對現實，那天哭完，拿著三天份的藥，我和先生立即動身到上海處理公司交接事宜。

返台後，因為開始服用口服化療藥物，加上身體每況愈下，先生無論是情緒還是胃口都跟著變差。面對這樣的情況，我也不知道該怎麼辦，只能朝做菜方面來努力，想盡辦法變化菜色來激發先生的食慾，加上當時的他也需要多補充蛋白質，**蘿蔔泥燴煮紅條魚**（作法詳見一七六頁）就成了很合適的一道菜。

蘿蔔泥燴煮紅條魚

而我是在他生病後才深深體會到，一個女人能夠為自己心愛的男人，好好燒一輩子的飯，是多麼難能可貴的一件事。

幸福調味罐：幸福來了，就好好珍惜；噩耗臨到，就勇敢面對。

酸甜苦辣樣樣來，考驗生命腸胃的耐受性

其實，我也不是一開始就願意面對現實的。

「我不要你生病，你不要生病嘛！」

猶記得當時，事實都已經擺在眼前，我還是一度像個任性的小女孩，想用耍賴的方式，讓他因為捨不得我而成功抵抗癌細胞，但通常他都是一臉苦笑，摸摸我的頭。

實在積壓不住內心的情緒，又怕造成先生的心理負擔，我就會獨自開車出去透透氣，藉機打電話向好友哭訴，每次說的內容都一樣：

「我不要他生病！」

有時我甚至懷疑，會不會這其實只是一場夢？醒來後，先生依舊好好的，過著跟以往一樣的生活，每天準時上、下班，偶爾跟朋友聚聚會；我也一樣，每天打扮得漂漂亮亮，為他下廚準備一桌好菜，周末假日一起賴在家……

我實在無法想像沒有先生的日子，一個人要如何過下去？

泰式牛肉番茄炒粿條

John就像是我的天。相識以來，除了天上的月亮他摘不到，任何請求只要我主動開口，他幾乎沒有一件做不到。

記得兒子十歲時，我到一個中南美洲國家的駐台領事館上班。那時候太久沒有工作，加上英文程度還不是太好，每次碰到要寫英文信，我就會打電話請先生幫忙，他就像是幕後的英文祕書一樣，幫我解決了很多事情。

先生還會親自下廚煮東西給我吃。或許是起源於兒時記憶，先生很喜歡吃炒粿仔條，常常在禮拜天清早，趁我還在睡覺，一個人提著菜籃去採購食材。

回到家，看一下時間，先生知道我差不多快醒了，便趕緊拎著食材進廚房又洗又切，丟進鍋子大火熱炒，迅速完成一道料理——「**泰式牛肉番茄炒粿條**」（作法詳見一六〇頁）。

比飯店Room Service（客房服務）還要周到。先生將料理裝盤之後第一件事，不是一個人坐在餐桌上大快朵頤，而是小心翼翼地端到床邊，把我香醒，說：「很香吧！趕快起來吃！」邊說，還會一邊將小桌子攤開，擺在床上，方便我一起身就能坐著吃。

然而隨著癌細胞轉移，先生的身體狀況一天比一天差，過往那些甜蜜的夫妻互動，也接連從我的生活中消失。

記得有一天，我倆到一家餐廳吃飯，地上太滑，我不小心摔了一跤，摔到整個膝蓋都腫起來了。這樣的情況若是發生在以前，先生還沒有生病，他順手就可以機靈地拉我一把。那天他卻一點辦法也沒有，那時候我才開始警覺到，他，再也不能保護我了。

不僅如此。為了我們這個家，我還得學習獨當一面，一邊為先生的病情奔波，一邊還要籌備兒子即將到來的結婚典禮。更讓我感到煎熬的是，

「要不要告訴大家，先生生病的事情呢？」

若說了，大家來參加兒子的婚禮時，當著我和先生的面，該說恭喜還是保重？若不說，婚禮當天又得佯裝成什麼事情都沒發生，還得在送往迎來中，強顏歡笑嗎？

幾經思索，還是決定暫時保密，只讓兒子、媳婦，以及幾位比較親近的親友知道，並在婚禮前一天，專程把先生從醫院接回家。

婚宴當天，先生拄著拐杖出席，賓客們不知情以為是先生腿痛的老毛病又犯了。

當全家人一起站在台上，向大家舉杯致意的時候，先生看起來雖然很高興，但笑容卻摻雜著一抹淡淡的憂傷，似乎也想藉著舉杯時刻，向在場的每一位至親好友們告別。那樣的糾結情懷，至今想起來都還會讓人鼻酸。

至於我，心中自然也是百感交集，不知道該哭還是該笑。

好難。真的好難。

幸福調味罐：珍惜生活中的小確幸，因為它隨時可能會消失。

病房的無煙料理，患者和家屬都能健康吃

小女孩，一夜長大。

為了治療先生的癌症，我成了上海醫生口中的奇女子。那段時間最常做的事，就是上網找各種治療方式，還研讀非常多國內外相關書籍，幾乎每天都在看書。我還曾經一個人帶著先生的病例飛到上海，並跟當地四家醫院的醫療團隊一起開會，大家都很驚訝，笑說台灣來了一個奇女子。

真的是死馬當活馬醫了，就放手一搏吧！相信身為病患家屬的心態都一樣，不到最後關頭是絕對不會輕易放棄，一定會想盡辦法為生病的家人找到最好的醫生，我也不例外。

當我聽到台灣的主治醫師說，先生只剩下一到三個月可活，評估做化療的效果並不大時，整個人都慌了。但我說什麼就是不願放棄，甚至還信誓旦旦地問先生說：「爸爸，你相不相信我。」

「我相信妳！」先生不假思索。

我看著他的雙眼，就像個俠女般，堅定的回答：「我一定把你救回

來！」

因著先生的那句「我相信妳」，我開始積極上網找資料。經營事業的關係，我們在上海本來就有一個家，加上當地又有朋友可以協助，我便帶著先生前往上海的醫院嘗試一些另類療法。

就這樣在上海治療了約半年左右，先生的病情稍穩定了，疼痛也漸少了許多，只是身體較虛弱，我們就決定回台灣繼續調理。

當時我真的以為，只要憑著努力不懈的精神，就能如願把先生救回來。我甚至打算等先生病情穩定後，就帶他到峇里島去養老，因為以前我們就常去那裡度假，並肩欣賞美麗的日出和日落。

「如果可以，就這樣一起到老吧！」

當時的我這麼暗自期許著。於是我著手聯絡安排峇里島租屋等事宜，接著就回到以前的醫院找原來的主治醫師請他開些止痛藥等備用。

只不過，當我把這樣的計畫說出來，請主治醫生開一些止痛藥時，醫師認為我太天真了！還說：

「這樣好了，如果一定要去，那至少先讓妳先生做個化療。」

於是配合醫囑，先生確實做了兩、三個月的化療，但因為副作用的關係，造成他的身體非常不適，出現了一些像是掉髮、嘔吐、全身無力等伴隨化療常有的症狀。有天，他實在受不了了，便央求：

「我不要再做化療了，我覺得自己的身體已經撐不住了。」

其實那時的我也非常氣餒，覺得之前所做的努力，似乎都前功盡棄了，而現在的他，身心靈都因為這化療給摧毀了！

幾經思量，答應了他的要求，於是所有的治療都停止了！沒多久，他的身體狀況也越來越差，疼痛又開始了，而且愈來愈頻繁。而接下來能做的，就是聽醫師的話讓先生住進安寧病房。

沒有人知道，他的生命還能持續多久，唯一的治療，就是打止痛針來抵禦癌細胞的猛烈攻擊，減緩劇痛，等到身體情況穩定一點了，再接他回到家裡住，當時就這樣進進出出安寧病房大約半年時間。

隨著病況的惡化，先生必須待在安寧病房的日子也越來越多了。為了讓他在生命的尾聲能享有「家」的感覺，我特地在醫院樓上租了一間小房間(註)，每天在裡面開火，為他準備一些簡單的家常料理。

↖病房必備三元素—
鮮花、精油和西洋音樂。

同時，我還捨棄醫院提供的床單，全部從家裡面帶來，並且買了各式各樣的漂亮睡衣給先生穿，我甚至連燙衣板都帶去，每天把換洗衣物燙好；病房裡，每天必備鮮花、精油、西洋老歌音樂三樣元素，所以他的心情一直都蠻好的。對我來說，一個禮拜兩次到花店挑花、買花的過程，也是一種心靈療癒。

我為什麼要做這些事？原因很簡單，安寧病房已經成了先生唯一的世界，加上大部分的時間，我都是陪他待在裡頭，接手事業的兒子從上海回台灣，也是直奔醫院病房相聚。我希望透過一些小改變，讓先生感覺我們的家一直都在，只是換了地方而已。

朋友來探視先生，常誇我很用心。實際上，只要真心愛一個人，自然就會發自內心想為對方做很多事，一切以

註 先生當時住的醫院，為了體貼中、南部上來的家屬照顧病人，避免三天兩頭就要舟車勞頓，特別在安寧病房大樓提供房間出租。

他的福祉為出發。舉例來說，化療造成先生的頭髮大量脫落，我靈感一來，乾脆請人幫他剃了一個光頭造型，搭配臉上的鬍子，帥氣十足，整個人也因此變得自信起來。

無法改變外在現實，那就試著調整內在真實，也就是轉換原本看事情的角度。就像是，我無力改變先生因病不能回家住的事實，就想辦法花些巧思，例如病房布置、煮一些家常菜，全家團聚吃飯等方式，維持住我們心目中那個「家的感覺」。

我尤其注重每天的飲食。吃的部分，不只要有家的味道，對一位像先生這樣的癌症病患來說，如何透過「少量多餐」的方式攝取足夠營養，亦是食療的關鍵。

↑縱使住在病房，只要用心，也能營造「家」的氛圍。

綜合水果優酪乳

南瓜沙拉派

蔬果沙拉・水波蛋

在那時候，南瓜就是非常實用的一樣食材了，既營養又好入口。而且只要稍加變化，就能變出多道不同的料理。

烹調方式很簡單。首先，將整顆南瓜洗淨不削皮，放進電鍋裡蒸熟，冷卻後放冰箱，可做各種口味的料理，有時加一點牛奶或松子，用果汁機打一打，喝之前，撒上一點點鹽巴或是胡椒，就是香濃好喝的**南瓜濃湯**（作法詳見一四二頁）。先生因為生病，喝不了太燙，放冷之後變成南瓜冷湯也很美味；朋友來探病，我還會使用自備的漂亮玻璃杯來盛裝濃湯，冬天熱熱的喝，暖胃又暖心。

飯前，想吃一道健康的沙拉，還可以將南瓜切塊，加些蘋果丁，再將一顆白煮蛋切碎後，撒在上面，再淋上美乃滋醬，最後再加一點葡萄乾，就是一道可口的**南瓜沙拉派**（作法詳見一四四頁）。製作方便又兼顧營養，不少朋友都主動跟我學習這一道菜。

病房的廚房設備很簡單，只能加熱，不能有油煙，因此煮不了太複雜的東西，加上經常會有人來探訪，我必須不斷動腦筋，以便隨時變出一些東西來招待客人。除了上述介紹的南瓜濃湯、蔬果沙拉、**水波蛋**（作法詳見一五四頁）和**綜合水果優酪乳**（作法詳見一八六頁），也是很容易上手的無煙料理，對病榻中的人或健康的人來說，都很合適。

先生住院那段時間，我還特地找來一位擁有三十年看護經驗的阿姨，教我如何幫先生洗澡。對於長期臥床的病人來說，最怕的就是有褥瘡，所以我們每天都幫先生洗澡，不只可以避免褥瘡問題，也讓他的身心靈都很舒暢。

另外要特別分享的一個概念是，照顧病人其實是一件非常辛苦的事，宛如長期抗戰，提醒病患家屬千萬不要忽略了自己的情緒和需要。我很感謝先生，年輕的時候就有保險觀念，到了他生病的時候，靠著一些醫療保險補助，還可以請看護來幫忙照顧。

我當時的想法是，有好的體力才會有好的情緒，給予先生精神上的陪伴和支持。更重要的是，我才能專注將心思放在，為他烹煮的每一頓飯。

幸福調味罐：改變不了外在現實，就試著調整內在真實。

Wendy's 幸福提案 7

幫病人洗個舒服的按摩澡

先生癌末後期長期居住在安寧病房，雖然生命已在倒數計算，但在這人生中最後的時光裡，我依然希望他能在每個時刻都能感到幸福與愛。

因此，每天我會親自動手幫他洗個舒服的按摩澡，也就是一手拿著水龍頭邊用熱水沖，另一手拿著小毛巾在身體做環狀摩擦，幫他把全身洗得熱呼呼的，讓全身的血液循環更加順暢，新陳代謝也會變得較好，而且皮膚會很乾淨，但是為了要預防表層肌膚會比較乾燥，所以我會在他全身沖完熱水，趁身體還有點微濕的時候，用肌膚保養油（純橄欖油添加天然精油）塗抹全身肌膚，然後再用溫熱水稍沖一下（去除皮膚的油膩感），接著就用大毛巾（以按擦的方式）擦乾身體，這樣即使每天洗熱水按摩澡，皮膚也會很滋潤、光滑，而且還會留存著天然精油的香氣，病患不但會感到通體舒暢，身心靈也會維持在最佳狀態。

這個舒服的按摩澡是先生在病房感到最快樂的事，因為洗得太舒服了，他也會經常主動要求要洗澡，所以洗到後來也不用使用沐浴清潔劑了，透過這個肢體的互動，讓我們彼此的心靈連繫著更熱絡與溫馨。

Wendy's 幸福提案之

到病房喝下午茶

得知女性好友也面臨癌末，原本不知道該怎麼安慰她較好，但記得以前我們一票人常相約喝下午茶，如今她病重住院，大夥兒很想念那段時光，於是我靈機一動，就約了幾個朋友去醫院找她喝下午茶。

我準備了所有下午茶必備的道具——當天提去的野餐籃中，除了放咖啡壺、咖啡杯、茶包，還特別帶了精油、CD、桌巾、餐巾，以及插著鮮花的小花瓶。

享用下午茶之前，我還幫她梳頭髮、擦口紅，披了外套後，再把她扶到沙發去。一堆女人坐在病房裡，靜靜地聽著音樂，空氣中還不時洋溢著精油香味，而午後的陽光從窗外灑進來，我們靜靜享受那相聚的時刻。感覺得出來，我的那位朋友很開心這樣子被對待與陪伴。雖然隔沒多久，她就安詳地回到天家了。

我想藉此表達的是，其實到醫院探病並非只能買水果，然後跟病人說「你看起來氣色很好」或是「想開一點」之類的話。有時無聲勝有聲，你的態度表現出來足以讓朋友感動，對方知道你真的很在乎她，就是最大的安慰跟陪伴了。

Wendy's 幸福提案

對病人的承諾要盡量做到

不要輕易向病人下承諾，尤其是生重病的人。

探病時，如果你打算再去看對方，說了就要做到，否則病人會一直期待，到最後落空，引發失望，這樣的打擊反而更大。我的先生就被這樣對待好幾次，有些朋友說我再來看你，或答應要來探視，講好的日子卻沒有出現。這對他來說是很傷的，他還曾經有感而發說：「都是騙人的。」

及時的安慰很重要，千萬不要找藉口說：

「我沒來看你，或沒主動聯絡你，是因為不知道要如何安慰你…」

重病的人，下一刻總是充滿變數。

好好珍惜朋友之間最後的相處時光，對方一定會銘記在心。

歲月細火慢燉，熬煉出令人動容的牽手情

時間，一分一秒在倒數。先生的死亡警報，也越來越常作響，被急救了好幾次。雖然每次都有驚無險的度過，狀況卻時好時壞。

某天半夜，John體溫突然驟降到三十二、三度，冷到直打哆嗦，嘴裡不斷喃喃說：「媽媽，我好冷喔！媽媽，我好冷！」冷到即使我都幫他蓋了電毯和毛被也沒用，還是一直發抖。不僅醫生趕到，連安寧病房的牧師也來了，但我實在心疼極了！好怕他走掉，顧不得當時還是個大冷天，當著病床旁若干醫護人員面前，心急如焚地把身上的運動褲脫掉，鑽進被窩，從先生的背後緊緊抱他，一邊搓熱胸口，一邊安撫他說：

「爸爸別怕，來，你跟著我說：『耶穌救我，耶穌救我！』」

在一句句宛如節拍的呼求聲中，先生安穩地睡去。

我喜歡這樣溫柔地為他數拍子，因為那讓我想起了，初次相遇的舞會上，先生為了教我怎麼跳舞，也曾經耐心地為我數拍子，「左、右，左、右……」差別在於，三十多年後，我為他數的是，生命氣息。

相遇以來就是這樣。我們一直是彼此生命中最重要的穩定力量，而且深知道，無論人生道路如何驚險，對方一定會Hold住你，說：「不要怕！有我在。」

也正因為有那般深刻的連結，讓「告別」顯得特別艱難。安寧病房牧師看到我們夫妻倆的感情那麼深，病況危急時，又捨不得放手讓先生走，有天，牧師終於忍不住開口勸我。

內容大意是：

「你們夫妻感情這麼好，有一天若是妳先生真的走了，我覺得妳一定會崩潰……。與其忐忑不安，不如妳趁他現在還清醒的時候，好好跟他告別，讓自己沒有遺憾，也好讓他日後安心地走。」

牧師的話，我聽進去了。但是一想到要跟John告別，我的心都碎了，後來連想了幾個晚上，決定先跟兒子做溝通，於是我們決定在他意識清醒時，跟他做個美好的告別，好讓他安心地走。記得那一天的畫面是我讓大家先離開病房，挨著病床邊，我對他說：

「你安心地走吧！不要牽掛我和兒子，我答應你，一定會好好照顧好自己，也會好好地繼續過下去……」

這些話，現在說來輕鬆，當時卻像是一根針，字字句句都扎在我的心。椎心之痛！說完這些話之後，我們兩個人情緒崩潰到抱頭痛哭。

我很謝謝那位牧師的建議，還沒正式向先生告別之前，其實，我們都活得很辛苦。他的辛苦在於，明明體力已經支撐不住，卻要為了我，靠著意志力繼續活下去；我的辛苦則是，每次要離開病房出去辦點事情，或是回家拿點東西，就會擔心他會不會突然走掉。

也因此，踏出病房前，我都會特別叮嚀他一聲，說：「爸爸，你要等我回來喔！」

貼心如他，也總是回答：「妳放心，我一定會等。」

問題是，這種事有誰可以保證呢？每天懸著一顆心的感覺，真的好痛苦。幸好當時靠著基督信仰的支撐，讓我和先生學習到什麼叫做真正的交託。那種交託是真的完完全全把自己交出去，相信無論發生什麼事，都有一位掌管宇宙萬物的真神與你同在，而且真真實實的相信也會到天國與上帝同在。

正式告別後，先生又活了近四個月，那段期間，我們不再忌諱談論死亡。

每當我又任性撒嬌地問：「你到底要去哪裡？」

他就會微弱地用手指了指天花板，說：「到上面（天堂）去。」

出門辦事的時候，我也不再害怕他會突然走了，信仰帶來的永生盼望，讓我的心中有確信，知道我和先生有一天還會在天堂相見。而且我堅信上帝會把他帶在身邊。

交託後，就放心許多。

四個月後的某天，先生閉上眼睛的那一刻，在場所有的人都在哭，我卻連一滴眼淚都沒有掉，因為我看到他的表情在微笑。他終於解脫了，從此不再有任何疼痛。

幸福調味罐：與其每天懸著一顆心，不如學習如何交託出去。

循著「美味的想念」，用做菜來療癒悲傷

朋友們，沒有一個不愛他的。

John是一個非常願意為朋友付出的人，即使都過世多年了，還有朋友講到他會掉眼淚。更讓我窩心的是，只要是我愛的朋友，他都對人家非常好。

先生就是一個那麼令人懷念的人。在他的告別式上，好友跟兒子的致詞，尤其令人感動。

先生的好友一上台，說話之前就先狼嚎「啊嗚——」一聲。然後才解釋說，他們以前參加獅子會，包含先生在內的五個男生，每次都會上台合唱西洋老歌，便自我調侃，自稱是「江湖五匹狼」，亂吼亂叫。

他說，狼在開心的時候會狼吼，失去至親的時候也會狼吼，所以他想以狼嚎來悼念先生的離去，也表達內心的悲傷。分享完一些跟先生相處的點滴，下台前，好友又再度仰天長嘯啊嗚——，並說：「兄弟，你好走吧！」

這一幕感動了好多人，尤其是男人（**事後看了錄影帶，就在那一刻好多男人落淚**）。很多人忍不住想，生命中是否也有那麼一個會為自己在告別式上狼吼的朋友？

那是男人之間的默契。一聲狼吼流洩出來的情誼，勝過千言萬語。

緊接著換兒子上台。深深一鞠躬之後，開始說話。

兒子和大家分享心目中的父親，好幾次，情緒都差點潰堤。終於，致詞結束，深呼吸一口氣，他緩緩吐出了這句話：

「我現在要請各位舉起你的手，為我的父親光榮走完他精彩的一生來鼓掌。」

語畢，立刻揚起一陣熱烈的掌聲，響徹雲霄。掌聲持續了好久好久，一直到先生的棺木被抬出去，準備送至火化場。

我沒有跟著去火化場。

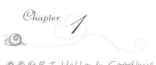

告別式結束後，我就在一群女性友人陪伴下，返家。

進門，已過午時許久，大家都餓了。有人提議打電話叫披薩，有人說乾脆一起出去吃。七嘴八舌，重點就是要我別忙了，好好休息。

用手一比，示意要大家別阻止我，也別再繼續說下去：

「妳們安靜，讓我做一點事情。」

轉身，默默走進廚房。煮什麼呢？其實我也沒有多想。偌大的冰箱裡，除了一些蔥、蝦米、香菇之外，空空如也。

照眼前的這些食材看來，煮一鍋**蔥燒麵**（作法詳見一五六頁）吧！

生平第一次，我發現，原來做菜也是一種療癒。當我在切這些東西的時候，整個人變得異常專注，彷彿短暫抽離了現實。在廚房裡，我一滴眼淚都沒有掉，也感覺不到悲傷。只剩下，空掉的感覺。

怎麼不會感覺空掉？陪伴我三十多年的男人走了，生命中，所有關於他的一切，瞬間被掏空。空蕩的冰箱，尚有幾支乾蔥。我呢？往後沒有先生的日子裡，我還剩下些什麼呢？

眼淚吧！我想。

先生闔眼之後，我曾經兩度大哭。一次是在醫院，他的遺體要被救護車運走的時候；一次是在告別式尾聲，蓋棺的那一刻。

很奇怪，先生躺在彌留室的八個小時，我非但沒有掉淚，還可以平靜地在他耳邊唱西洋老歌給他聽，不斷地跟他說話。一直到遺體要被推走的時候，才驚覺到他真的要走了，當救護車的後車門放下來關上，車開走，我愣了一下，才放聲大哭。

蓋棺前，又是一次難以割捨的告別。

我永遠都忘不了那一幕。當我起身拿起籃子裡的花，準備放在先生的胸前時，才發現，我拿到了折枝的玫瑰花。一點都不美，我還是接受了，因為那朵白玫瑰正好反映出當下，內心的破碎。

「爸爸，再見！」

這是我對他說的最後一句話。蓋棺時刻，我再度崩潰大哭。像玩具被人搶走的任性小女孩，邊哭邊跺腳。我也知道要交託給上帝，但生離死別的當下，悲傷情緒覆蓋理性，當時的我就是還想向上帝賴皮：

「我不要，我不要失去他，把他還給我⋯⋯」

上帝，終究沒把先生還給我。但留給了我，美味的想念。

幸福調味罐：若你也幸運擁有一位願意為你狼吼的朋友，請務必珍惜。

Chapter 2

療癒廚房之 Welcome to My Table

不可能不想念。

無論是一個人的陽光午後，還是一群朋友的加勒比海，

每當我驚嘆這個大千世界的美麗，

總忍不住暗自責問，「這麼美的陽光和風景，你在哪裡？

你怎麼可以就這樣躲到甕裡？」

直到某日清晨，

聽到一個清楚聲音在耳邊說，「不要再哭了！」

才驚覺，日子不能再這樣子過下去。

我曾經答應先生，一個人也要好好活，

為了他、也為了自己，我開始試著打開心門，

讓陽光透進被淚水打濕的生命……

Wendy 療癒廚房開張，用美食迎來生命陽光

陽光，往往是最好的生命除濕機。

曾經看過一部電影，片名是《托斯卡尼艷陽下Under the Tuscan Sun》。劇情描述，一位舊金山的失婚女作家，歷經丈夫背叛的感情重創，隻身前往義大利的托斯卡尼城市散心，因緣際會，在當地買了一棟房子定居，自此展開一段追尋自我的內在旅程。

最觸動我的橋段在於，女主角和義大利友人的一段對話。有天，感覺生命一團糟的女主角，向友人泣訴。

「我有三個房間卻沒人來住，我有廚房，卻不知道該替誰燒飯⋯」

「那妳為什麼留在這裡？」

「因為我不想要一直感到害怕，我還有夢想。我想在這個房子有一場婚禮，在這個房子有一個家庭⋯」

四十秒的對話，火光乍現。不偏不倚，點燃了埋藏在內心深處的夢想引信。原來，和片中女主角一樣，即使失去最重要的生命伴侶。我，也還有夢想。

我也一樣夢想著，家裡的其他空房間有人進駐；找到想要為他燒飯的對象…。尤其是在先生過世，兒子成家後定居上海，我多麼渴望能夠為這個偌大的房子，注入朝氣，哪怕只是一點點。

是該收起眼淚，打開心門的時候了！

「那就邀請朋友們來家裡吃飯吧！」

當時我最想做的事，就是好好為我愛的朋友們，燒一頓飯。

我是基督徒，教會小組是「主內的家人」，我就經常邀請他們到家裡聚餐。特別是小組成員當中，有些是中、南部上來的，在台北沒有家人，幾乎都是外食。可以為他們燒一頓飯是很快樂的事情，他們開心，我也感到很幸福。

還有一次，教會一對來自韓國的傳道人夫婦，他們的孩子要出生了，家人都不在台灣，產婦和孩子沒辦法得到很好的照顧。當我聽到教會牧師呼籲會友們捐款，或是伸手協助時，我就把他們一家三口接到家裡，剛好定居上海的兒子，也願意讓出原先住的房間，事情就這樣成了。

幸福調味罐：主動為你愛的朋友們燒一頓飯，他們會更愛你。

幫產婦坐月子的那四十天裡，家裡熱鬧極了。許多熱情的教會弟兄姊妹，有的帶雞肉、有的帶海鮮，三天兩頭就有人到家裡探視，每次吃飯都是一大桌。即使夜深人靜的時刻，在房裡聽到Baby哭聲，心裡也是微笑的，洋溢著一種淡淡的幸福。

我一直在學習如何主動邀請朋友進入到自己的生活空間，也希望藉此鼓勵目前正處於空巢期的人。轉念的重點在於，當親人離去、孩子又另組家庭的時候，就要學會接納當前的處境，並試著拓展不同的生活層面，不能永遠只依賴家人。

只要願意打開心，開放朋友來到家中，即使只是短暫的駐足，都會讓房子更有溫度。我希望家裡有人氣。朋友生日或回請時，我喜歡為他們燒一桌菜，邀請朋友到家裡吃飯。這麼做，不僅可以跟朋友分享新研製的料理，朋友可以待久一點，聊起天來也比較輕鬆。

其實，早在先生過世之前，我就會邀請一些女性好友到家裡聚餐，只是次數並不頻繁；回歸一個人的生活之後，和姊妹淘的定期聚餐，已經成了彼此之間的默契，也是一種很重要的陪伴。

我們還辦過「主題趴」。隆重版的Dress Code就是穿小禮服；簡單版的就只要穿戴紅色元素即可，像是有人咬著一朵紅玫瑰就直接進場；還有一次，主題是中國服之夜，來參加的人大多是穿著旗袍之類的服裝，唯獨有一位男性友人，為了陪老婆出席，特地買一頂瓜皮帽來戴，讓在場的女士們都笑翻了。

女人要給自己一個打扮的機會。有時候不一定要等到為誰慶生，才辦這些活動。只要學幾道

鮑魚香菇栗子雞翅煲

蒸芋頭糕

好菜，或是純粹想看看朋友，單純一個點就可以號召大夥兒相聚，藉機好好裝扮一番，無形中也會增加一些生活樂趣。

空巢期的女人想要拓展生活圈，就要學習主動交新朋友。很多人都覺得越老越難交朋友，關於這一點，我要推翻。當你碰到合適的朋友，就要主動釋出熱情和善意，進一步互動後會發現，不是只有你，其實對方也很需要朋友。總要有人先跨出第一步。

這一、兩年來，我透過分享美食的方式，結識了一票好朋友，我們聚在一起不只是吃，偶爾還會舉辦小型的烹飪教學。無論是包辦山珍海味的Party（舞會）重點菜──「**鮑魚香菇栗子雞翅煲**」（作法詳見一六六頁），還是口感香氣皆一絕的「**蒸芋頭糕**」（作法詳見一六二頁），都是朋友們很喜歡向我學習的料理。

我也學會自製菜單，讓朋友像參加喜宴一樣，事先就知道今天會上哪些菜，平添想像樂趣；我還會請大家在菜單上面簽名，以便日後翻開時，可以憶起當天邀請了哪些人。

↑打造屬於妳的幸福餐桌。

↑自製菜單，宴請好友，餐後簽名留言。

有人可能只來我家吃過那麼一次飯。但想想，在漫長的人生旅途中，曾經有過一個時刻，我們一起圍在幸福餐桌前，分享美食、也分享生命，那是多棒的一件事啊！

友誼，就像一抹豔陽，照亮我的生命。我的夢想，也算實現一部分了吧！

廚房與餐櫃設計與採購學

所謂工欲善其事，必先利其器。廚房的設計重點，不在於裝潢，而是動線上的巧思，像是在廚房和餐桌之間留一個窗口，出菜就會方便許多；另外，我喜歡收集各式各樣的餐具，所以特別請人做了這樣的餐櫃，餐具便可以一覽無遺，方便挑選。

採購餐具也有一個小小的撇步，那就是盡量選擇風格一致的餐具，或是同一組餐具或杯子，一次買足十二個。這麼做的用意是，若是餐具或杯子不小心被打破，因為購買的數量夠多，或是風格一致，即使破了一、兩個，還是可以美美的整套擺上桌。

一個人的生活練習，心情低潮也要餵飽自己

在那些和朋友歡聚的時光裡，熟悉的氛圍籠罩，難免勾起一些過往回憶。

我想起了，先生以前也經常會邀請朋友到家裡聚餐。每次我都是穿得美美的，從容不迫地從廚房端出一道道的菜，朋友覺得不可思議，常打趣說，我應該有請人在廚房裡做菜吧！

宴客可以這麼不疾不徐，是因為事先有規劃。我會在幾天前就發想菜單，有些東西可能前一、兩天就開始做了，真的要臨時煮一桌菜也可以，但我喜歡先計畫好，才不會在宴客當天忙裡忙外，無法好好跟朋友聊上幾句。

我也想起了，剛嫁給先生沒多久，他的朋友們到家裡打麻將。半夜大家肚子餓，當時我還不太會做菜，連煎一顆蛋都會把蛋黃弄破。後來就慢慢發想了「冷油煎蛋」，鍋裡放油後，小火慢慢煎蛋，待底部蛋白凝固再輕輕翻面。起鍋的時候，蛋白會很漂亮，撒幾滴醬油，外加一點番茄醬，好吃得不得了。先生的朋友還曾大讚說：「John老婆煎的荷包蛋是世界上最好吃的。」

即使先生離開以後，我一樣經常邀請朋友到家裡吃飯。曲終人散，還是得回歸一個人的生活。

那種感覺很奇怪。尤其是先生剛過世的時候，待在我們共同生活多年的房子裡，少了他的身影，讓我非常不習慣。起初還會去聞他的枕頭和衣服，根本沒什麼味道了，但就是會想要去抓。

我知道要堅強，但人心是肉做的，難免有高低起伏。加上先生的告別式過後，兒子一家三口就返回上海，一個人守著偌大的房子，感覺真的好孤單。曾經也有過一段時間，我沒有辦法看到任何跟他有關的東西，那種感覺很可怕，像是生命瀕臨失控，完全不知道該拿自己如何是好。

特別害怕星期天午後的陽光。那樣的時空場景總會讓我想起，以前我們總愛睡到自然醒，再一起牽手出去吃個飯，或看一場電影。又或者，兩個人慵懶地待在家裡，哪兒也不去，有時甚至連交談也沒有，但你可以感覺到那個人就在身旁呼吸，散發著一種令人安穩的氣息。

冷油煎蛋

物換星移，人事已非。

當我發現，自某個星期天開始，只有陽光灑進來，熟悉的人卻不見了，總會讓我的心情頓時陷入低潮。

有時開車出去，看到陽光很美，也會忍不住對著天空，呼叫他的名字，

「你去哪裡了？這麼美的陽光，你怎麼可以就躲到那個甕裡面呢？」

到加勒比海看到那麼美的海，我也會說，

「你應該在這裡游泳的啊！你怎麼不來？」

一連串的問題，像一顆顆被拋向大海的石頭，沉入，毫無應聲。但我還是允許自己這麼獨白似地，不斷問著。這是我的情緒抒發方式，也是一種自我療癒的過程。

我知道自己總有一天會沒事。只是需要時間，以及更多的練習。

練習走出傷痛的方式是，告訴自己，一天兩個鐘頭不要想他。為了轉移注意力，我會一個人出門逛街，純粹Window Shopping都好，或是去花市看花、到戲院看一場電影。然後再慢慢增加「遺忘時數」，例如第二個禮拜就增加到三個小時不想他，有時候為了消耗時數，我還會連看兩場電影，一定要讓自己暫時抽離，才不會又開始想東想西，掉進回憶裡。

↑一個人的餐桌，可以簡單，也可以豐盛。

憂傷的次數越來越少，心靈的茁壯就比較快。後來，我不只不用再刻意遺忘，有時還會跑去翻先生的護照，自顧自地說，「哇！你曾經去過那麼多國家啊！」他是一個烙印在我生命中的印記，不會因為過世而失去關聯。但比起先前，思念，已經不再那麼揪心，眼淚，也不再那麼苦澀了。

少了他的日常陪伴。一個人的餐桌料理，可以簡單，也可以豐盛。

就我所知，很多單身的人之所以經常外食，除了忙碌，其實也是因為一人份的餐很難準備，擔心吃不完又要放隔夜，常常只能煮個一、兩道菜。多數時候，我也吃得很清淡。煮些白麵條，起鍋後，淋上加工調製的醬料，或是用自製油蔥酥拌一拌，一碗乾麵也能當一餐。但，誰說一個人永遠只能吃得簡單呢？

一個人吃飯，我的餐桌還是可以擺出九道菜，也不怕吃不完。技巧在於，平日就先做好一些簡單的常備料理，放進冰箱擺著。先前文章中提過的**白花椰泡菜**（作法詳見一五二頁）和**空心菜梗泡菜**（作法詳見一四八頁），以及現在要介紹的**味噌香魚**（作法詳見一七八頁），都是可以擺上至少一個禮拜的東西。哪一餐想吃，就弄個一人份，恰到好處。

我是一個喜歡分享的人。不管是醃泡菜還是香魚，我都會多做一些來分送親朋好友。有時連包裝也很講究。以味噌香魚來說，我曾經在做好之後，特地去買了個竹簍，裡面鋪好鋁箔紙，擺進幾尾香魚，讓收到的人很感動。

在最傷心難過的那段時間，自製料理送人，多少也是為了讓那些關心我、卻又不好意思問太多的朋友們知道，我還活得好好的。況且，找一個理由和動力讓自己走出家門，把幸福分送給別人，其實也是一種很好的自我提醒。

是的。一個人，也要好好活著。而且除了下廚，還有很多方式可以讓生活變得更精采，像是去做義工、學習第二專長、到社區大學進修，或是重返職場，都有助於個人生命的開展。

味噌香魚「送禮版」

幸福調味罐：一個人的生活可以簡單也可以精彩，端看自己的安排。

獻給上帝的　音樂會

由一群愛主的弟兄姊妹以及熱愛音樂的音樂家
希望用上帝最愛的音樂傳遞福音
盼望因而改變更多人的生命

用感動演奏上帝的音符
用歌聲唱出感人的見證
用眼淚畫出上帝的真實
佳音管弦樂團做教會的事工 走出人群 關懷弱勢
用上帝的愛讓牆角下的小草能夠受到雨水的滋潤
我們用上帝賜予的恩膏 幫助需要的人
感謝主!!我們是何等的喜樂呀!!

佳音管弦樂團

演‧出‧經‧歷
F.I.R 演唱會
陶喆演唱會
華泰銀行公子婚宴
帝寶藝術家發表會
北區獅子會
曼黛瑪蓮瑪登瑪朵聯合發表會
君悅飯店、晶華飯店
喜來登飯店、六福皇宮
各大五星級飯店、婚宴會館
大型婚宴、尾牙、活動等…

我們期待您的邀約!!

感謝
社團法人中華民國基督教佳音宣教協會、佳音工坊音樂事業有限公司、惠盟電腦、葛氏兄弟企業
林莉工作坊、雙聖集團、野宴飲食集團、可圈藝術、可點映象、上海圓欣國際貨運

↑用歌聲傳揚福音、撫慰病人，我的人生越來越喜樂。

Wendy's 幸福提案 7

時尚奶奶美麗的保養妙招

因為要好好照顧自己，所以連腳都不會忽略。愛美的我一直喜歡穿高跟鞋，總覺得穿著人就挺了，當然就醫學的角度，很多的醫生是反對的，但實在是抗拒不了，而且有時穿久了真的會有姆指外翻，疼痛的問題，我在無意中發現了一個有效的方法，其實是為了搽腳指甲油，先把腳趾用分趾器撐開腳趾，然後再上指甲油，結果忘了拿掉睡著了，沒想到意外的效果是第二天我的腳不痛了，接著我在每次穿過高跟鞋要睡覺時，就會把腳趾撐開，還真的有效，所以就持續的用這方法保養我的腳，現在每天睡前我一定會先把❶**分趾器撐著腳趾睡覺**，我的腳真的好像沒痛過了。

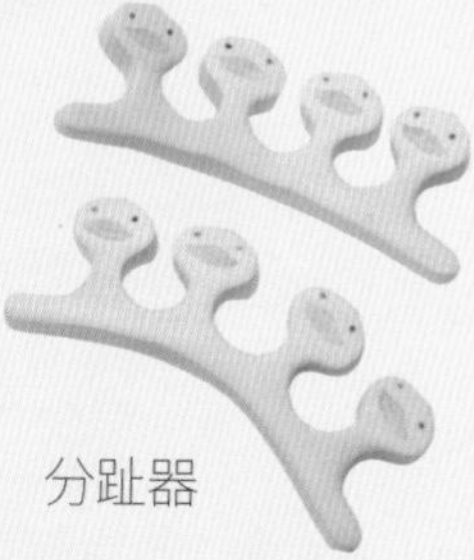

分趾器

有一年的母親節，兒子送我一檯醫療醫療型的遠紅外線燈，這也是我保養的法寶之一，除了肩頸腰熱敷的放鬆外，❷**每天我一定也會照一下膝蓋**，真的神奇，我的膝蓋也沒有穿高跟鞋的後遺症。

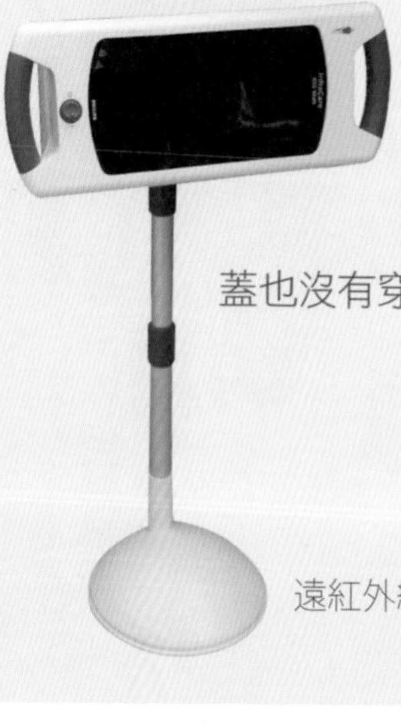

遠紅外線燈

健身器

當然除了定時運動外，用❸**健身器做全身的筋骨伸展**，還有用各種不同的❹**泡澡精油**，洗完後用自製的❺**天然保養油滋潤肌膚**（將食用等級純橄欖油倒入乾淨的瓶罐中，再放入幾滴具有香氛氣息的精油混合），這些一直都是我每天會使用的保養技法。女人總是要花點時間照顧自己，讓自己過得更美、更健康、更幸福！

↑食用等級的橄欖油和泡澡精油

Wendy's 幸福提案 之

經常讚美他人

女為悅己者容。即使已經結婚二、三十年，先生還是經常讚美我。例如有時候出席一些重要場合，先生看到我穿著禮服，總會忍不住讚嘆說：「媽媽，妳真的很漂亮。」

也因為他的欣賞，也激勵我用心維持優美的體態。

讚美是滋潤信心的雨露，像朋友之間也是一樣，如果有朋友說：「Wendy，我喜歡妳穿得很漂亮。」我就會記住，下次見面就會用心打扮。讚美的力量真的很大，多主動讚美身旁的人，彼此的關係會更加分。

療傷卻不自覺傷了母親的心，擦乾眼淚重拾「女兒」身分！

連送幾尾香魚都要買竹簍來裝的細膩個性，我想，大概是跟母親有關。

端午節包粽子，對母親來說是她一年中的廚房聖事。我們對媽媽的粽子非常忠誠，只要一吃過我母親的粽子，套句流行的用語，各個都成了粉絲，死忠的。

這個節日對我們兄弟姊妹的意義，已經不是屈原投江的歷史故事，而是期待著母親親手包出一顆顆手路細膩、風味美好的粽子。我們全家都愛吃媽媽的粽子，而且數十年來被訓練得十分嘴刁，外頭賣的粽子名氣再大、口碑再優，我們也不想嘗試。

從小，吃慣了母親包的粽子，理所當然以為全天下的粽子，都該是這樣的口感品質和食材水準。漸長，才發現，原來出自母親手中的每一顆鹹粽，竟都包裹著那麼多的用心，絕非市面眾家品牌的粽子所能比擬。

光是裡頭的餡料，就是一大亮點。

首先，考量口感，母親堅持採用尖糯米，而且因為兄弟姊妹們都只吃母親包的粽子，尖糯米需求量大，母親還得早早就分批採購。更厲害的是，經驗老道的她，只要用手一抓，就能輕易分辨出新米西還是舊米。

內餡的主領，五花肉，更是馬虎不得。為了確保豬肉品質和來源，母親固定只向一家專賣黑毛豬的攤販採購，由於數量有限，一樣得趕在端午節之前幾天，每天買一些回家冷凍。

重點來了！粽葉。

直到近年，趁著回家拿粽子的機會和母親閒聊，才知道，原來母親包的粽子是如此的用心，在包粽子之前，光是洗粽葉，她都得分好幾天，每天洗一點，然後瀝乾。重點來了！瀝乾的葉子會捲翹，所以她會用熨斗把每片葉子都燙平然後收集起來，每天燙一些直到收集到孩子們需要的數量為止（**回想這一切，讓我不禁不捨而掉淚**）。

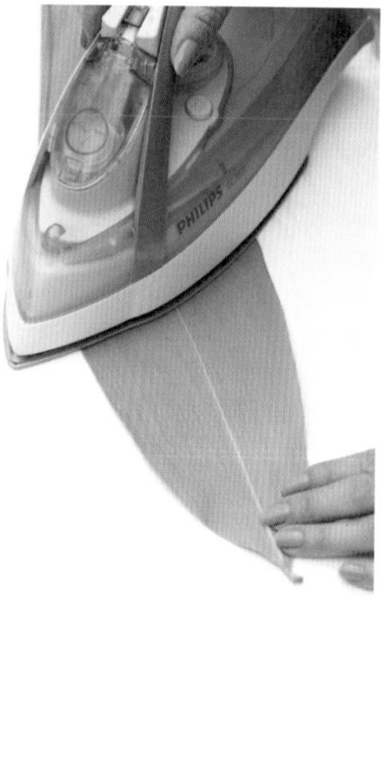

原來，向來不擅長對子女表達關愛的母親，也有那麼細膩的一面，只是必須從食材裡去發現；同樣地，我也是在那段療癒心傷的日子裡，才深刻感受到母親表現體貼的方式，竟是那樣令人心疼。

其實寫到這我忍不住眼眶泛淚，母親已邁入八十歲了，為了把每一顆粽子包得美味不讓兒孫失望，雖然她年事已高，仍能斟酌自己的體力和精神，盡力的每天做一點點前置工作，讓包粽子的流程在計畫中順利進行。想到母親這樣溫柔而堅定的心意，我心中充滿感恩。

身為母親的孩子，總是拿了粽子就走了，雖然也會嘴甜的跟媽媽說：

「好好吃呦，我只愛吃妳包的喔！」話說完，看到母親很高興，似乎以為自己回饋了母親的用心。其實我們從未認真想過她如何一個人完成這龐大的量，我也從未探討過為何母親的粽子會如此可口，甚至可口到讓我周遭的黨政名人也忍不住要求我分一些母親包的粽子給他們！

回母親家拿粽子，我跟她聊了一下如何選糯米、如何洗粽葉、內餡等，才知道我過去多麼忽略母親的用心。

原來她每天洗點葉子、晾乾、收集，這過程需要慢慢進行，是因為葉子會捲翹，為了讓包起來的粽子更精緻，講究完

美的媽媽會用電熨斗燙平，每一片葉子都處理的乾淨平整。母親總是把包粽子這件事掛在心上。因為那是一個很細膩的工程，必須詳細規劃。所以每到端午節前，母親總會打電話給每個孩子問今年各家想要多少顆。統計總量後，她有計劃的買粽葉，每天洗幾葉…晾乾…洗幾葉…晾乾…至於糯米，母親叮嚀我需選擇形狀尖的老糯米。我問她如何分辨，她說手一抓就知道了。

「手一抓就知道了。」這句話說得像師傅般自信！每年吃粽子的我要何時才能累積這樣的經驗？

而且因為糯米需量大，好的老糯米還得分批購買才夠用。

接著是內餡最重要的五花肉，母親一定固定跟一家專賣黑毛豬的肉販購買，品質是第一堅持。

一樣的，懂得規劃的母親，只要看到漂亮的肉就先買回去冷凍，否則一下子要用這麼大量的肉又要求品質好，不是一件簡單的事。

孩子當中，像我喜歡加花生，有的不要花生，所以得分別處理，數量不能搞錯，交付的時候，內餡也要恰好是孩子要的那一份。

母親包粽子的過程讓我感覺她不僅是一個擁有優異廚藝的女人、不僅是一個細心溫柔的母親，她還是一個懂得規劃一切順序的經理人！

母親用滷肉汁炒的生糯米，一鑵一鑵需要極大的體力，讓糯米吸滿了滷汁需要極大的耐性，這樣的粽子怎能不香，怎能不香呢？只要看到孩子吃粽那滿足的表情，她就心滿意足了！

感謝上天！做為母親的孩子，我們真是何等幸福！

先生剛過世的前半年，我幾乎不太對外聯絡，也不太想見外人。因為無論見到誰，我都會情不自禁又講到先生的事，這對朋友來說很不公平，聽多了也會不知道該怎麼回應，畢竟安慰的話已經說太多。

我乾脆把自己關起來，暗自療傷。母親打電話常找不到人，我刻意不接，偶爾接了也是應付一下，就匆忙掛上電話。她擔心我吃不好，總在電話中問：

「有沒有想吃什麼？媽媽做給妳吃？」

每次我的回答都一樣，不需要。

有天，母親實在忍不住擔憂，主動打電話去問我的一位親近友人，

「我的女兒現在過得怎麼樣？」

事後聽朋友轉述，我的心一揪，覺得自己真的是太不孝、太對不起母親了。

朋友也勸我說，媽媽年紀都那麼大了，妳是不是不應該再讓她傷那個心……

得知母親無法直接說出口的疼惜。不禁讓我開始思考，是不是該改變一下生活態度了？

療傷中的人，似乎都是這樣。陷落在悲傷情緒中，常常忘了身旁還有關心自己的家人和朋友。於是一不小心，讓他們也跟著傷心難過。甚至有時候，我們還會因此遺忘了生命原先擁有的，幸福與美麗。

那陣子哭太多，不只把眼袋皺紋全都哭出來，頭髮也變得枯乾。我是一個愛美的人。有次，攬鏡自照，發現自己變得好老好老時，終於，我也忍不住自問，未來的路那麼長，我還要這樣繼續下去嗎？

更重要的是，我答應過先生一個人也要好好活。

某日清晨醒來，臉上照舊掛著兩行淚，但讓我百思不得其解的事情，發生了。

「妳不要再哭了！」

好清楚的一句話，在耳邊迴盪。我驚醒，從床上跳起來，太清楚的一句話，

那是神！我聽到神親自對我說話了。那是個在周日的清晨，教會聚會的日子。我

已經很久沒去教會了，當下便決定要鼓起勇氣跨出去，走進教會。

我坐在角落。當天，教會正好邀請到一個樂團。清了清喉嚨，台上的樂手說話了。

「我們是一群婚禮樂手，從沒有在告別式上演奏過。直到幾個月前，第一次受邀在追思禮拜演奏，那次讓我們很感動，結束後，我們就成立了這個樂團⋯⋯」

這天是樂團成軍後，首度演出。當螢幕播放著汶川大地震的畫面時，動人的演奏聲也緩緩揚起。很多人都哭了，包括我。別人的哭，是在為汶川災民哀悼；我的哭，是因為樂團表演的所有曲目，和先生告別式當天的一模一樣，因為那天就是這個樂團來演出的，他們口中說的感人告別式，指的也正是我先生那一場。

真的是太巧了！直覺告訴我，神，要開路了。主日結束，我主動去拍樂手的肩膀，問：

「我可不可以參加你們的樂團？」

「當然好啊！」

樂團正好還缺一名歌手。那天起，我正式成為樂團的一員。忙碌的練唱和演出，不僅幫助我轉移注意力，也讓我感覺自己是一個有用的人，可以真正做一些有意義的事。藉此更快地，走出悲傷。

另一方面，我也重拾了「女兒」的身分。

有次表演結束，帶著愉悅的心情走出教會。金黃色的陽光灑落一身，突然，有個衝動想打電話給母親，聽聽她的聲音，再用撒嬌語氣對她說：

「媽，我好想吃妳包的鹹粽喔！」

這一瞬間感受到食物就是療癒心靈最佳的處方，母親用無私的愛包容子女，而妻子用耐心及愛心製作各種美食來感動先生的味蕾，這種甜蜜付出的結局，都是最甜美的。

↑藉著唱歌，自我療癒也撫慰人心。

幸福調味罐：傷心難過之餘，別忘了身旁還有愛你的家人跟朋友。

一頓飯改寫幸福定義，錄專輯分送安寧病房

我從來沒有想過，在走過喪偶之痛六年後，得以出書跟大家分享料理和生命。正如，我先前也想不到，有朝一日可以錄製一張屬於自己的專輯。

生命永遠充滿可能性。重點是，你準備好了嗎？

當了大半輩子的家庭主婦，我跟很多女性朋友一樣，大部分的重心都是放在先生跟孩子身上。除了煮飯這部分，出於興趣和生命角色的需要，已經認真鑽研了幾十年。其他的專長，像是唱歌，都是這幾年才慢慢自我開發出來的。

擔任樂團主唱後，除了每周固定和團員們一起練唱，我也自掏腰包找老師學發聲技巧。雖然不是職業歌手，但我的想法是，既然要做就做到最好。而且每一次上台都是在為上帝服事，把自己裝備好也是應該的。

但出專輯這件事，仍在意料之外。

說實話，錄這張專輯的時候，我的聲音狀況並不是非常好，反而是在家練唱的時候，聲音最棒。也正是因為那樣的聲音條件，才會讓教唱老師同時也是音樂製作人的徐致堯（堯堯）點頭說：

「妳應該可以考慮出一張CD了！」

「出一張CD？」

我有些不可置信。內心的夢想種子，卻因為製作人堯堯的一句話，開始萌芽。

那段時間因為練發聲跟要籌備CD的事情，堯堯常有機會在我家吃飯。有天，除了堯堯之外，我還另外邀請了CD裡的樂手，以及歌手黑珍珠到家裡吃飯。一場晚餐的約會，不僅讓專輯名稱自此定調，也讓我對幸福的定義，徹底改觀。

當天的主餐是「**孜然香烤羊排**」(**作法詳見一七二頁**)，為了讓羊排的口感更Q嫩，我還將製作流程小小改良了一下。印象中，每次去外面吃羊排都沒辦法一口氣吃完，因為肉很澀，想吃嫩一點又怕肉太生，羊騷味會太重。於是我就自創在羊排下鍋之前，先醃製二十四小時。多了這一道程序，羊排不只吃起來特別軟，冷掉之後再回鍋，肉也還是嫩的，而且沒什麼羊騷味，很受朋友們歡迎。

孜然香烤羊排

或許是美食觸發靈感。這天，開心吃著孜然香烤羊排的堯堯，突然靈機一動。

「專輯名稱要不要就叫做幸福溫蒂Wendy?」他問。

一聽到幸福Wendy這幾個，我馬上搖頭。

「在一般中國人眼中，幸福是雙全耶，像是擁有一個完整的家庭，有先生和孩子陪在身邊，我有什麼資格當幸福代言人呢？」

「為什麼會想到這個名稱？」我反問堯堯。

「我不知道耶，我就覺得妳看起來就很幸福。」

「即使我現在是一個人的狀態？」

「對啊！我就覺得妳是很幸福啊！」

堯堯接著解釋：「幸福不見得都要靠別人給，為什麼要擁有一個什麼東西或什麼人，才能符合幸福的定義呢？」

還是半信半疑。但我承認，堯堯的話多少打動了我的心。

接著有一天，我跟幾個女朋友一起喝下午茶。席間提到這件事，姐妹淘也深表贊同，其中一位還說：

「誰說妳沒有資格叫做幸福溫蒂（Wendy）？我就覺得妳長得就很幸福，而且悲傷也有悲傷的幸福。」

重點來了。

「人啊！這輩子如果能有一個人，值得妳為他悲傷，那也是一種幸福啊！」

正是姐妹淘的這句話，讓我決定欣然接受「幸福溫蒂（Wendy）」這個稱號。甚至越想越覺得好極了，因為這正好顛覆一般人對幸福的傳統定義。

什麼叫幸福？幸福不一定要讓人家忌妒，也不用成為一般人眼中的好命婆。只要妳覺得自己是幸福的，那就是幸福。

尤其我曾經身為癌症病患家屬，很能體會家屬的孤單和無助。我還記得，陪先生住在安寧病房的那段日子，經常看到很多女人在哭泣。那樣的畫面至今仍深深烙印在我腦海中，揮之不去。

加入樂團之後，偶爾會到安寧病房義唱。但礙於時間的限制，通常也是唱完幾首歌就得走了，歌聲的陪伴很有限。出了專輯，至少可以將詩歌的安慰留下來，讓病患跟家屬隨時可以聽。

感謝主！後來這張名為《幸福溫蒂讚美輯》，如期問世。也因為宣傳專輯的關係，讓我有機會藉由媒體專訪或是教會見證的方式，公開分享生命故事。

我常想，自己能夠站在舞台上，並不是因為比較優秀或比較好，而是真實走過一些傷痛，且勇於去面對。更重要的是，我在最沒有自信的時候，還是願意接受旁人的鼓勵，挑戰自己，才有後續這些可能性。

真的，有時只是多了一道程序而已。孜然香烤羊排會因此變得更可口，你的人生也會因此變得更不同。

↑《幸福溫蒂讚美輯》CD封面

幸福調味罐：偶爾傾聽他人建議，挑戰自己，才有機會開創新的可能性。

Wendy's 幸福提案之

生活智慧王

帽子是非常實用又方便的生活配件。有時候頭髮比較亂，帽子一戴就可以出門了，只要跟服裝搭配得宜，還可以營造出強烈的個人風格。

保養也可以很省錢。我已經使用自製的身體保養液二十幾年了，作法是以優質橄欖油為基底，加上幾滴精油，洗澡時，將身上的肥皂沖洗乾淨後，趁著身體還濕濕的時候，將自製保養液擦抹在全身，然後快速沖一下水，再用毛巾擦乾就可以了。

長年使用下來，我沒有特別擦什麼其他的保養品，皮膚仍然保持細緻，一瓶自製保養液又可以使用好幾個月，是非常划算的保養秘方。

沐浴是人生一大享受。家中浴室有一大面對外窗，景觀很美，我特別請人在窗台圍一層木板，沒有封死，兼顧了視野跟隱私。

古董家具可以為居家增添一絲神祕美。只要稍微運用一下巧思，傳統的古董家具也可以有新用途。像這個梳妝台，就被我當成櫃子，檯面還可以擺放照片。

帶小孫女錄專輯、做點心，立志當另類奶奶

我一直想成為孫女眼中，一個很另類的奶奶。也期盼在有生之年，能夠帶著她一起完成很多很多的夢想，打造屬於我們兩個之間的專屬回憶。

小孫女，名叫Megan。精緻的臉蛋上，有著濃濃的眉毛、長長的睫毛，以及一雙大大的眼睛，像極了一個可愛的中國娃娃，人見人愛。

《幸福溫蒂讚美輯》當中，也收錄了Megan稚嫩的聲音。

淵源是，有次兒子從上海打電話回來，剛好教會的小組成員們在我家聚會。電話那一頭，兒子說：

「媽媽妳等一下，Megan要背《詩篇二十三篇》給妳聽。」

Megan當時還沒滿三歲，童音很重。隔著越洋電話，一字不漏地背著：

「耶和華是我的牧者，我必不致缺乏……」

我用擴音放給在場的教會弟兄姊妹聽，大家都很感動。

我的小孫女—Megan

那時候剛好專輯還在收歌階段，我就想，何不把Megan背誦詩篇的聲音也放進來呢？我買衣服給她，長大就穿不到，聲音卻能一直停留在三歲，對她來說，多麼有紀念意義啊！

當初先生被檢查出罹患肺腺癌，醫生宣告可能只剩一個月，但感謝主，先生後來多活了將近兩年的時間。當時兒子剛結婚，先生千盼萬盼就是希望能撐到Megan出生，讓他在離開人世前，可以看到小孫女一眼。

一直到Megan滿周歲，先生才離世。Megan剛學會爬的時候，常在先生的身上爬來爬去，玩玩他臉上的鬍子。當我們跟Megan說：

「惜惜爺爺，爺爺生病了。」

Megan也會很貼心地伸手去惜惜，讓爺爺好得滿足。

看在我的眼裡，卻是傷感的一幕。眼見孫女一天天長大，先生的生命卻一天天消失，感覺真的很複雜。其實，他的心裡衝擊也很大，夜深人靜的時候，我曾經看到他一個人偷偷掉眼淚。因為，真的很捨不得。

這個經驗讓我開始思索：若是有一天我離開了，我要留下什麼給Megan呢？就是這張專輯ＣＤ了。我想。

我還曾經錄製床邊故事給**Megan**，讓她即使遠在上海，也可以常常聽到奶奶講故事的聲音。七、八月放暑假時，她回來台灣跟我一起住的時候，我也經常會帶著她一起出門看電影，或是一起在家做小點心。

小孩子難免嘴饞。為了兼顧健康和美味，我會帶著Megan一起做**健康蔬食鹹派**（作法詳見一八〇頁）和**水果軟糖**（作法詳見一八八頁），另外像是**糖漬香橙**（作法詳見一八四頁），也是小孩子的最愛。這些點心的作法都很簡單，很適合帶著孩子一起參與，我就常會請Megan幫忙打蛋。每當我看到她用小小身軀圍住一個大鐵盆，低頭賣力在攪拌時，內在的幸福感便油然而生。

幸福調味罐：帶著家人一起完成某件事，打造共同的美好回憶。

做點心

說故事

水果軟糖

健康蔬食鹹派(無派皮)

↑和小孫女Megan的下午茶時光

我希望能成為Megan生命中一個影響她的人，尤其是在美學和生活態度。我也發現，Megan已經開始懂得享受這一塊，像是碰到下雨天，出不了門，她就會主動提議說：

「奶奶，那我們來做蛋糕吧！」

可見她真的有慢慢被影響。

我也會盡量培養兩個人的興趣，例如一起喝下午茶。為此，我還特別幫Megan買了小茶壺和小茶杯，有時客人來，她還會直接使用小茶具來招待客人，那樣的畫面挺有意思的，客人也覺得很有趣。

而其實走出廚房，我跟Megan還有好多好多的故事，等待挖掘呢！

Chapter 3

廚房外的人生幸福學

曾經有人形容：
「居所和美食，是自我的延伸。」
廚房外的居家空間，宛如一個人的生命縮影，
如實反映出，你的生活態度、美學品味，
以及對未來人生藍圖的追求。

歷經一連串的生命洗禮後，
現在的我，已經越來越懂得，
如何用自己的姿態來詮釋幸福，
並且樂於分享給每一個，
此刻，也渴望打造幸福人生的你。

隻身帶孫女搭遊輪，適度示弱讓旅程更Easy

先生過世後，我做過最冒險的一件事，就是獨自帶著兩歲八個月的小孫女Megan，搭郵輪旅行，遊加勒比海。

以前都是John帶著我去旅行，從頭到尾都不需要煩惱任何事，打包也不用，只要穿得漂漂亮亮出去玩。他走了之後，頓失依靠，連我自己都不太敢相信可以一個人帶著Megan去旅行。

實情是，我真的做到了。

我還記得那一幕。定居在美國的好友（以前我們常約在遊輪見面），緊緊擁著我掉淚，因為她沒想到，我竟然可以抱著一個兩歲八個月的小孩，從台北出發，到紐約過境一個晚上，再轉機到波多黎各。一見面就直呼：

「Wendy，妳實在太棒了！」

那趟旅程對我而言，其實也是一個試煉——關於生存勇氣的測試。

想想看，一個女人要帶著一個小女孩，外加一台娃娃車，以及兩個大行李箱。光要「順利移動」就已經是個大問題，又要隨時保持優雅姿態，該怎麼克服呢？我的解套之道是：要懂得適度示弱。

其實只要願意適時求助，很多人都會樂意伸出援手。記得在紐約機場搭Suttle Bus（短程巴士）到飯店時，我才一開口說，「I need help.（我需要幫助）」馬上就有一堆老外搶著幫忙提行李箱，讓我可以優雅地抱著Megan上車。

放手的前提是，要學會信任別人。而且在那樣的情況下，我也不能再去揣測別人會不會突然拿了行李箱就跑，不敢冒險，什麼都要抓緊緊的話，只會讓自己更辛苦。關於這一點，我也是在旅程中才深刻體會到。

這趟旅程，也讓我看到小孫女Megan機靈的一面。

過境紐約時，深夜，旅館的警鈴突然大作。當時我和Megan都已經梳洗完畢，準備上床睡覺了，一聽到鈴聲，馬上打電話去櫃台詢

問，得知是有人誤觸警鈴，旅館並沒有失火，我就準備要哄Megan入睡。

想不到這時，Megan說話了，「奶奶我們走。」

料不到一個才兩歲八個月的孩子，竟然就這麼有主見，我趕緊安撫她說：

「Megan，沒有問題，飯店說沒有關係。」

「奶奶我跟妳說，我們現在就到Lobby（大廳）。」

看到我不理會她說的話，Megan索性站到我的面前，將剛剛說的話重述一次，語氣更堅定了：

「奶奶我跟你說，我們現在就到Lobby（大廳）去。」

天啊！你能想像一個兩歲八個月的小女娃，如此正經的表情是什麼模樣嗎？

拗不過她。我只好起身換下睡衣，也幫她換好衣服，背包拿著，推著娃娃車到一樓的Lobby（大廳），果真一個人都沒有，除了旅館工作人員。見到旅館的值班經理，我就用英文跟他說：

「請你跟我的小孫女說沒有事，不然她不肯回去睡覺。」

「Megan，Everything is fine.Everything is ok.（一切都很好）」

機靈的小孫女，
陪伴我走過生命低潮期。

值班經理向Megan保證，隨後還拿出一片DVD，要她回房間看卡通。

虛驚一場！這次經驗卻成了我跟Megan之間，一段很特別的回憶。

其實那時候會帶著她旅行，一方面是希望有人作伴，另一方面則是想好好跟她單獨相處。

不少朋友事後聽聞，都說花那麼多錢值得嗎？Megan那麼小，怎麼會記得？面對這樣的質疑，我都會說：

「沒關係！我記得就好，因為我想要享受這樣的一個相處過程。」

而且，還要謝謝兒子和媳婦，謝謝他們放心讓我一個人帶著Megan出遊。雖然所費不貲，Megan長大後也可能壓根兒忘了這件事，我還是覺得十分值得，因為這趟旅程不僅為我的生命，寫下一頁精采篇章，也讓我們一家人之間的信任感，更為加深。

何況若是沒有當初的旅程，哪來現在的這篇文章呢？這就是人生，凡走過必會留下痕跡，只是形式上的差異而已。

幸福調味罐：想做的事情就開心去做，自己覺得值得最重要。

Wendy's 幸福提案

隨興小旅行

旅行，有時候隨興一點，才會有不同的驚喜和收穫。之前和朋友相約中部一日遊，最後卻變成了五日遊，而且還從中部開車穿越中橫，抵達東部。因為是臨時起意，衣服帶不夠，還跑去夜市買一件一百五十元的洋裝，一樣穿得很開心。我也是經由這趟小旅行才發現，台灣這塊土地真的好美。

回程的路上，一行人還在車裡拼湊這幾天的旅遊記憶，像是住哪、吃啥、去了哪些地方，做了些什麼事，前後順序還要正確，真的是有趣極了。這種「努力回想」的過程，對我們這幾個年過半百的人來說，其實也是一種腦力激盪和訓練。有了這次的經驗，我也開始會在睡前練習回憶一整天做了什麼事情，讓腦子保持在比較靈活的狀態。

當妳每次拍照時或者重翻舊相簿時，是否有發現到總是千篇一律同個姿勢或表情呢？這樣未免也太無趣了吧？我和好友們決定開始嘗試不一樣的拍照法。於是我們買來一本fashion雜誌，參考書中模特兒的姿態，當然也不能太作怪啦，沒想到拍出來的效果令人驚艷萬分！也許是拍對方行走時、也許是捕捉一起跳躍、交談的畫面。管它呢，反正不滿意就刪除，我們就這樣拍出最快樂、最自在、最有趣的滿意作品呢！誰說作怪是年輕人的專利？到了這把年紀，盡情享受人生吧！

接納當下的限制和不足，找出幸福新處方

我是一個勇於嘗試的人，但有些時候，還是會接納自己本身的限制。例如，對兒子的教養。

國中二年級，兒子就被我送到加拿大去了，原因是，我不覺得自己是一個教兒子的專家。不是因為兒子不乖，相反地，就是因為他太乖、太認真，而且太獨立了，如果繼續將他留在身邊，我們的衝突只會更多，因為我會忍不住溺愛。

這話可不是開玩笑。我這個媽媽的想法比較不一樣。像是兒子剛念國中的時候，每天在學校晚自習，晚上九點多才回到家，隔天為了早起念書，兒子會把鬧鐘調到凌晨五點。

認真念書是好事，但我看他念到面黃肌瘦，很心疼，且正值發育期，當媽媽總希望兒子能多睡一點。因為我覺得身體健康比較重要，所以會偷偷把鬧鐘時間調晚一點，一連兩次，讓兒子好生氣，只好抱著鬧鐘入睡。

還記得有一次兒子要上學去，我把便當裡裝滿了葡萄，還將每一顆葡萄事先都剝好皮，籽也拿掉。兒子到學校中午吃飯時，發現這件事氣到把整盒葡萄都帶

幸福調味罐：接納自己的限制並不等於服輸，而是勇敢的開始。

回家，原封不動還給我，還說：

「請妳下次不要再這樣做，我會被同學笑。」

我可以理解兒子的心情，但自己的用心被拒絕，難免也會不高興。生活當中諸如此類的衝突越來越多，當時我又不是那麼擅長去化解自己的情緒，因為我也是這樣被先生寵愛著。

我怕自己沒有本事面對兒子的青春期，乾脆易子而教，把他送到國外念書，同時也學習獨立——他不是不獨立，而是在我身邊，我會不想讓他獨立。

後來我就自己一個人跑到美國，看了五所學校，最後選定溫哥華一個小島上的學校。選擇那裡的學校，除了因為絕佳的自然環境，兒子也比較不容易接觸到外面的世界，畢竟他是住校，我們都不在身邊，學習環境還是單純一點比較好。

起初，兒子也非常不諒解我自作主張把他送到國外去。但我認為，那段海外求學經驗，其實對兒子的幫助很大。尤其在先生得知罹患癌症後，兒子必須在短時間內接掌上海的事業，內心壓力非常大，但他還是勇於承接責任。這種快速學習和適應的能力，我想應該跟那時候的獨立訓練有關。

聽來似乎矛盾。我把兒子送到國外給別人教，卻一心想把小孫女Megan帶在身邊，真是兩種不同的教養心態啊！或許是因為我沒有生女兒，所以看到一個如此美麗的娃兒，出現在面前，真的好想天天享受這樣的幸福時光。

每個人都一樣。不同人生階段，多少都會面臨到不同的限制，也就是當時能力不及之處。只要清楚覺察限制，找出相應之道來補強，便是已經得到了當下的幸福處方。

含貽弄孫，享受幸福時光。

用溝通化解兩代衝突，從小事發現快樂元素

孫子的教養問題，常常是兩代之間的衝突引爆點。我們家也不例外。但因為兒子和媳婦願意適時放手交給我，加上我也會清楚表達內心的想法，目前為止，倒也不至於因此爆發什麼大衝突。但溝通是一定要的。

舉例來說，以前我跟兒子最常溝通的一件事情，就是能不能幫Megan餵飯。已上小學的Megan，大部分的時間都跟爸爸媽媽住在上海，寒暑假才會回台北跟我一起住。

或許是在奶奶面前，特別愛撒嬌，偶爾她會央求我餵吃飯。我會答應，是想讓她在奶奶家有個美好的回憶，往後想起來仍舊幸福洋溢。

曾經，我也是被先生寵愛著。特別知道一個人能被這樣寵著，是多麼幸福的一件事。我也想把這樣的專屬感，留給Megan，成為她一生被愛的紀念。

兒子反對，是因為擔心Megan會被我寵壞。我們都沒錯，只是立場不一樣。後來我還是決定照自己的方式走，兒子也選擇尊重，因為有次我問他，「Megan從我這邊回去上海之後，會不會自己吃飯呢？」

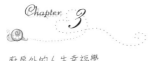

當然會。「那就對了！既然她沒有因此喪失自己吃飯的能力，那就讓她好好享受奶奶給她的特權，也讓我好好享受疼愛孫女的感覺⋯」

聽我這麼一說，兒子和媳婦好像突然被點醒一般，心想這種小事有什麼好爭的，便笑笑地接受了。這樣的清楚說明，很重要。很多時候，兩代之間會發生衝突，就是因為搞不懂對方在想什麼？為什麼要這麼做？但其實說穿了，出發點不都是因為「愛」嗎？

只不過，每個人表達愛的方式不盡相同。我的風格就很Fantasy（夢幻）。

我一直沒忘記要當個另類的奶奶。所以在Megan滿周歲的時候，特地為她請來一位魔術師到教會，表演給她跟其他小朋友看。小小的腦袋瓜裡，沒見過這麼神奇的事情，當天還睜大了眼睛，看得好入迷。

我也曾經在她因為急性腸胃炎住院時，請人送來一百顆氣球，各種造型都有，有海綿寶寶、有米老鼠⋯等。小朋友就是小朋友，原來一副病懨懨的樣子，看到病房天花板飄滿了氣球，好像一堆卡通人物來找她開Party（舞會），開心地抓著欄杆又跳又叫，之後很快就出院了。

有人問，為什麼會想到送氣球給Megan？我猜，大概也是因為先生的關係。我永遠忘不了，在我們初次相遇的舞會裡，除了音樂飄揚、霓虹燈閃爍，天花板還飄著五

顏六色的氣球，傳遞著愛的氛圍。那時候，先生為了追求我，「踩汽球遊戲」還沒開始，就先把現場其他人的氣球都踩破，包括他自己腳邊繫的那一顆。全場二、三十位男男女女，只剩我一個人的氣球沒破，便順理成章拿到當晚的獎品。

氣球，是我和先生之間，愛的默契。或許，這就是我會為Megan買氣球的原因，我也想讓被病毒折磨了好幾天的她，藉此感受到快樂氛圍。事實證明，這一招還真的蠻有效的。

Megan開心，我也會跟著感到幸福。生活中有很多小事，只要發自內心重視，就可以為自己帶來雀躍心情。

先生的過世也讓我特別體會到，人生，其實就是一個過程而已。看似漫長的歲月，其實一轉眼就過去了，與其成天計較事情的結果，倒不如好好享受過程，從最重要的小事當中，發掘快樂元素。

幸福調味罐：只要以「愛」為出發，耐心表達，溝通就不是難事。

Women's Talk

跟朋友聊天，也是我的快樂元素之一。人生中一定要有幾個可以隨時和你到戶外走走，以及談天說地的朋友。

幾年前，我開始跟朋友相約每晚到校園走路，這個走路不只讓我賺到身體線條，也像是心靈治療時間，因為我們兩個人都是空巢期，經常互相鼓勵和打氣；我也曾經臨時起意，提著野餐籃，裡面擺了一瓶香檳、兩個酒杯和一些食物，就跟朋友跑到大安森林公園野餐。

當晚正好有交響樂表演，兩個女人聽著音樂、喝著香檳，偶爾聊聊天，愜意極了。

甚至有時候，不用等到什麼音樂會，興致一來，我也會主動邀約住在大安森林公園附近的好友，各自帶著食物和靠枕，在草地上鋪張野餐墊，就在公園裡躺著聊天。

我想藉此分享的是，只要擁有一顆浪漫的心，同時懂得利用居家附近的公共設施，幸福，其實俯拾即是。

將媳婦視如己出，用行動或口頭為她按個讚

沒有人天生就會當婆婆、也沒有人天生就會當媳婦。婆媳之間該如何相處，一直是每個家庭裡的大哉問，沒有標準答案。而且想想，親子之間都難免會有衝突了，婆婆和媳婦是不同生命背景的兩個人，怎麼可能不會有觀念落差的時候呢？

婆媳之間想要和平相處，必須先認清一件事，就是不要認為什麼都是應該的。或許是過去當媳婦的經驗使然，很多婆婆都會理所當然地認為，媳婦嫁到家裡來，本來就應該如何服侍公婆或是打理家庭，事先就為媳婦這個角色套上一個傳統的框架。

但將心比心，媳婦也是人家的寶貝女兒，沒道理嫁過來之後，就變成了「小媳婦兒」被使來喚去的。如果換作是自己的女兒嫁到別人家，身為父母的人，一定也會很希望婆家可以對她視如己出。對吧？

我承認，自己並不是一個一百分的婆婆，但一路來，我很努力在學習如何當婆婆，而且經常自我檢討和調適。尤其是媳婦剛嫁過來的時候，雖然沒有住在一起，難免還是會有溝通上的問題，面對這樣的情況，即使心裡難過，必要時候，我還是會主動向媳婦Say Sorry。

在這裡我要特別說明一下，所謂的Say Sorry，並不是代表事情一定是自己的錯，而是針對「自己造成對方不愉快的感受」這件事情來道歉。

舉例來說，假設我今天對媳婦說了一句話，或對一件事情表示意見，雖然沒有指責的意思，但她還是覺得很受傷，針對「她感覺受傷」這一點，我會向她道歉。但該溝通的事情，還是要一樣要溝通清楚。先道歉的好處是，至少對方會比較願意繼續跟自己溝通，而且心裡的疙瘩解除了，雪球才不會越滾越大。

另外一點是，我也會學習尊重兒子和媳婦的生活。以前他們只要從上海回來，我都會事先採買一堆食材，希望為他們好好做幾頓飯。後來發現，他們難得回來，其實也很希望能和朋友吃吃飯，重溫一下過往的美食記憶，何必硬把他們留在家裡吃飯呢？

相通之後，我便主動跟兒子說：

「你們要在家裡吃飯的話就提早說一聲，我再來準備，不然的話，就不特別預備一桌的飯菜了。」

把話說在前頭，相處起來自然就輕鬆許多，也不會讓年輕人那麼有壓力。

很多空巢期的女人會感到失落，是因為覺得自己不再被孩子需要了。這樣的情況

→學會愛自己，也尊重孩子的生活。

下，有的人為了繼續保有價值感，反而會抓得更緊，甚至介入孩子的婚姻生活，導致親子或婆媳關係越來越緊張。

永遠不要忘記，女人要懂得愛自己、肯定自己。舉個最簡單的例子，傳統上，女人都會把好吃的東西留給孩子、留給丈夫、或是留給長輩，唯獨就是少了自己那一份。但想想，何必如此呢？有好吃的東西，事先為自己留一份，是愛自己的一種行動表現，如果連你都不愛自己了，怎能奢望別人來愛你呢？

當你找到愛的源頭，同時也懂得愛自己的時候，就無需藉由「掌控」孩子或媳婦的方式，來證明價值。當然，也就會更懂得去欣賞另一個女人——媳婦——盡情地活出她自己。像我的媳婦油畫及素描都畫得很好，只要看到她在臉書ＰＯ出新作品，我就會去按個讚，甚至去下載存檔。

鼓勵身為長輩的人，也學習試著為孩子們按個讚吧！口頭上的讚美，也行。

幸福調味罐：每個角色都需要學習，但只要有心，就不難。

↑學習當個開明的現代婆婆。

受洗成為基督徒，上帝醫治童年自卑

若不是因為信仰的幫助，你們現在看到的Wendy，生命恐怕又是另一番風景了。雖然不至於多糟，但肯定不會有此刻的光彩。

先生過世前對我最大的牽掛，就是擔心我不會照顧自己的生活。而我會受洗成為基督徒，也是因為先生的關係。

先生接受治療初期，我們都還不是基督徒。當時為了他的病情，我到處求神問卜和參加法會。身旁的朋友也跟著我著急，到處打聽哪裡有法會可以超渡冤親債主。有一次朋友打電話來說：

「Wendy，我幫妳搶到一個位置，這個是最便宜，前面那個最貴的三十萬的被搶走了，剩下三萬六的，但沒有關係，有總比沒有好。」

我當然說好。只要有機會為先生祈福，我絕對不放過一絲可能性。

但有一天我的腦海突然浮現了一些疑問。一是，我每天早晚都有乖乖上香，有時人在外面，還要特別趕回家，但奇怪，為什麼心還是這麼慌呢？

第二個疑問是，法會的超渡，第一個位置和最後一個位置，價格差那麼多，難道是代表這個神的保佑程度也是有差別嗎？那沒有錢的人怎麼辦呢？

相較之下，我看到一位信主的朋友，給人感覺很喜樂、也很有平安，巧的是，她以前也是經常到處拜拜。我主動打電話給這位朋友，請她帶我先生去教會，我先生本身也願意，因此有一段時間是，我忙著拜拜，先生忙著上教會。我沒有馬上放棄拜拜，是因為心想多一個保佑總是好的。

直到有次，開車送先生去參加教會小組聚會。當我看著他下車，有些舉步維艱，突然一陣心酸，我覺得他的背影很孤單。後來就主動跟他說，

「爸爸，下次我陪你到教會好不好？」

先生好高興。第二個禮拜天的主日，我就開始陪他上教會，後來還一起受洗。

自此，上帝就成為我們生命中很重要的支撐，也陪伴我走過很多暴風雨時刻。

更讓我意想不到的是，在一次特會當中，神還醫治了我內心深處，一個最深的痛。

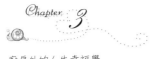

說出來很多人都不相信。一向打扮光鮮亮麗，全身上下總是散發著自信的我，其實是個內心很自卑的人。在被神醫治之前，我從來沒有真正肯定過自己，沒自信到了極點。

原因是，小時候家裡的孩子多，加上老一輩的人普遍重男輕女，要帶孩子出去玩時，通常只會帶哥哥和弟弟，總是輪不到我。硬要跟的話，母親就會隨口說：

「因為妳太醜了，醜到連火車都不讓妳坐。」

其實我知道母親是愛我的，但這一句無心的話，還是深深烙印在我的心。

長大後，即使周遭很多人稱讚我漂亮，我還是無法發自內心的肯定自己。直到幾年前，剛到台北合一教會聚會，當時正好邀請到一位加拿大牧師來舉辦「醫治釋放特會」，我也參與其中。

那一晚，會場湧入兩、三百人，我坐在最角落的位置。突然，加拿大牧師伸手指向我，直接點名說請那位坐在第幾排，穿什麼顏色衣服的人出來。

走到台前，牧師要我面對觀眾，

「Look this beautiful face.Everybody talk to her, you are so pretty, you are so beautiful.（看看這張漂亮的臉，大家告訴她，妳好漂亮，妳好美麗。）」

牧師還問了我的名字，讓大家再用英文說一遍：

「Wendy，妳長得很漂亮。」

我哭慘了。當著大家的面，一直哭、一直哭。

真的很神奇！長達幾十年的自卑心結，神竟然可以藉由一個不相識的人來安慰我，還請出幾百個人來公開肯定我。那是一個非常深的醫治，讓我開始真正相信，自己是夠好的、也是夠美的。

後來，趁著有次兄弟姊妹們一起吃飯，我問母親：

「為什麼以前妳都說我長得最醜？」

只見母親的表情一臉狐疑，還反問：

「我哪有這樣說？」

我笑了笑。其實母親記不記得已經不重要。因為愛我的神爸爸，不只從來沒有忘記過，還大大醫治了我，這樣就夠了。

我跟母親的這個例子也說明了，很多時候，我們一句無心的話，雖然沒有什麼惡意，卻可能不小心傷到別人，甚至是家人。這也是為什麼《聖經》會教導說，「污穢的言語一句不可出口，只要隨事說造就人的好話，叫聽見的人得益處。」

無論現在的你扮演什麼角色，希望我們都能這樣時刻提醒自己，用話語造就身旁的每一個人，彼此的關係自然也會加溫。

幸福調味罐：信仰，不只是一種心靈寄託，還會帶來生命的重生。

打造一座秘密花園，坐看不同的生命風景

我是一個愛花的人。

從小，我就經常與蘭花為伍。以前家住中興新村，宿舍有前後院，利用這樣的空間，母親會養雞，父親則是種蘭花。念書時期，我在家最常做的事，就是到院子幫忙澆花。

我們的家境普通，父親卻是一個很有生活品味的人，不只會趁著周日親自將家裡七個小孩的制服，加上他自己上班要穿的衣服燙好，連皮鞋也是擦得又光又亮；平日下班，父親回到家的第一件事就是開音響，聽老歌或交響樂，讓音符流洩整個屋子。然後再以一身輕便裝扮，到院子整理蘭花。

只要蘭花一開，就會拿進屋子裡擺。印象中，無論是客廳、臥室、廚房，乃至於廁所，家裡到處都是蝴蝶蘭，美不勝收。

長期耳濡目染之下，我也慢慢承襲了父親對美的品味。長大後，有了自己的房子，我也開始喜歡種一些花

花草草，還在自家頂樓打造一座空中花園。

原先種的是九重葛。當時心想，若是九重葛開花，鮮豔的苞片包覆著花朵，花團錦簇，到時候花園一定美極了。哪知道，在台北多雨的澆灌下，花不常開，加上九重葛屬於藤類，植株與植株之間雜亂交錯，幾天不修剪就亂成一團。

考量當初花了不少錢買老欉，還動用吊車吊到頂樓，即使九重葛種得很難看，仍然是這樣擺著。直到朋友看到實在受不了，帶我去看台大校園的紫藤，很漂亮，我才開始有將花園改頭換面的動力。

朋友又陪我上陽明山選樹。左思右想，最後買了一棵燈稱花樹，每年二到三月的花期，就會長出雪白小花，又稱為「燈稱花」。風一吹，地上全是小碎花，好美好美。我喜歡這棵樹生長的特性，它的姿態簡單、線條俐落，開花時又很低調，像是雪花落在枝頭上，不醒目但質地優雅。

植物，讓我更懂得欣賞四季的美，也讓我窺見內在心境的變化。以往，我只希望看到一棵植物最青翠盛開的模樣，如今卻開始懂得欣賞枯枝的美。因為這就像是我們每個人的生活一樣，順境逆境，都是生命風景的一部分。

況且，寒冬一過，春天就來了。像燈稱花，冬天時連一片葉子都沒有，但春天一到就百花盛開。每年只要開始冒小花苞，我就會滿心期待地去數花苞有幾個，還會跟

薑汁藕粉芋圓

開胃酸黃瓜泡菜

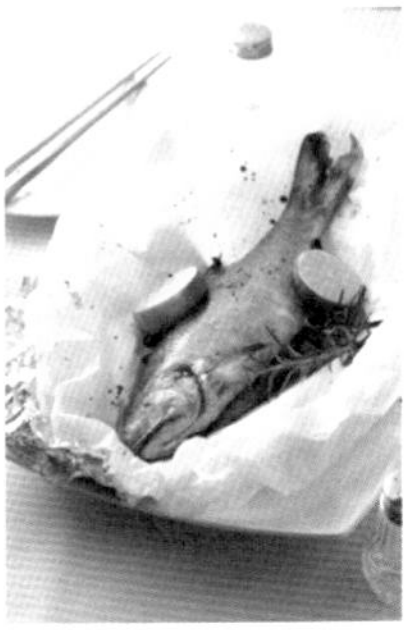
無油煙烤午仔魚

朋友比賽，看誰家的花長得又快又多。真的很有趣！到了我們這個年紀，比的已經不是孩子的成就，也不是財富，而是家裡的花開了多少。

在你的生命中，也有那麼一座秘密花園嗎？

未必是一座真實的花園。其實，只要懂得為自己找到一個興趣，像是把做菜當成樂趣，譬如改變傳統作法變身為健康料理，如**無油煙烤午仔魚**（作法詳見一七四頁）、**開胃酸黃瓜泡菜**（作法詳見一五〇頁）、**薑汁藕粉芋圓**（作法詳見一九〇頁）等。適時在生命的折點轉彎，好好耕耘、定時澆灌，久而久之一樣會開枝散葉，甚至還會豐富人生，長成一棵健壯的內在生命樹。

聖經《詩篇》1章2～3節說，「惟喜愛耶和華的律法、晝夜思想、這人便為有福。他要像一棵樹栽在溪水旁、按時候結果子、葉子也不枯乾。凡他所作的、盡都順利。」

失去了我的先生——這棵生命中原有的大樹——讓

我頓失依靠。但經過這幾年的療癒，以及信仰活水的澆灌，我的內在生命樹，已然茁壯。

人的心境總是在不同的歷練中昇華，我已學會用生命的光點照亮黑暗，找到自己專屬的幸福，相信你，也能藉由「美味的想念」，提升幸福的能量——放手的空間，看見更多愛的可能……

冬季枯枝的景色，夏季繁花盛開的美景，四季植物的變化；同時也讓自己窺見潛在意識的聲息。

幸福調味罐：找到真正的興趣，它將成為你生命中的重要滋養。

Wendy's 幸福提案之

享受來自天然的香水

除了一般的植物，我還會在花園種一些香草植物，像是各種味道的薄荷葉、薰衣草、迷迭香、甜菊葉，這四種都是最基本的植栽。我所謂的「香水」，作法很簡單，就是在常溫的白開水中，加入上述四種香草植物和幾片的檸檬片，一壺喝起來清涼又回甘又漂亮的香水就完成了。

香水

↑只要您願意，也可以跟我一樣打造自己專屬的秘密花園。

Chapter 4

美味的想念 實作分享

食物，是生理運作的熱量來源，也是心理滋養的能量補給。感謝上帝開路，讓我在痛失人生伴侶後，發現原來「做菜」也可以療癒悲傷——至少對我而言。

漸漸地我也才體會到，縱然生命中原有的那棵大樹不見了，我的內在生命樹，卻逐漸開枝散葉且越發茁壯。

養分，正是來自於美食的分享。

歡迎光臨！

幸福 Wendy 的美味廚房，歡迎您來品嘗。

想念的美味

南瓜濃湯飲

南瓜濃湯飲作法十分簡單，且連皮一塊製作更保留食材的營養成分，完全無油、口感濃郁綿密是一道健康又好喝的湯品，也可以搭配麵包變成健康的輕食餐。

材料

- 蒸熟南瓜……1/4顆
- 牛奶……1杯
- 松子……1大匙

調味料

- 鹽……少許
- 白胡椒粉……少許

作法

1 南瓜外皮用菜瓜布刷洗乾淨，不去皮整顆放入電鍋蒸熟（可用筷子插入檢視熟度），待冷卻後，切取用量（其餘可包保鮮膜，移入冰箱保存）。

2 南瓜切塊，去籽，連皮加牛奶、松子，放入果汁機攪打均勻，最後加入鹽、白胡椒粉調味，即可飲用。

想念的美味

南瓜沙拉派

蒸熟的南瓜保留食材香甜的原味，搭配水煮蛋丁、香脆的松子及百吃不厭的葡萄乾，淋上滑溜順口的美乃滋，做成西式的沙拉派，營養可口，適合當開胃前菜或是宴客點心。

材　料

蒸熟南瓜……半顆
蘋果……1顆
水煮蛋……2顆
松子……1小把
葡萄乾……1小把

調味料

條狀美乃滋……半條

作　法

1 南瓜外皮用菜瓜布刷洗乾淨，不去皮整粒放入電鍋蒸熟後，去籽，用小刀劃成塊狀，放入盤中；水煮蛋切碎。

2 蘋果去皮，切小丁，浸泡鹽水，撈起瀝乾，再用紙巾吸乾水份。

3 將蘋果丁撒上南瓜上面，再擺上切碎水煮蛋，擠入美乃滋（以網狀畫在上面），再撒上松子、葡萄乾，即可食用。

想念的美味

雙色椒薯絲

材　料

馬鈴薯……1顆
青椒……1顆
青蒜……1支

調味料

海鹽……適量

作　法

1 馬鈴薯去皮，切絲，用冷開水沖洗二次，浸泡冷水 10 分鐘，再瀝乾水份。

2 青椒洗淨，去籽，切絲；青蒜洗淨，切斜薄片。

3 炒鍋倒入油加熱，放入馬鈴薯絲及青椒絲炒熟，加入青蒜斜薄片、海鹽拌勻即成。

想念的美味

醋溜馬鈴薯

材　料

馬鈴薯……2顆

調味料

花椒……1大匙
白醋……1大匙
醬油……1/2大匙

作　法

1 馬鈴薯去皮，切絲，用冷開水沖洗二次，浸泡冷水 10 分鐘，再瀝乾水份。

2 炒鍋倒入油加熱，放入花椒爆至有香味散出，放入馬鈴薯絲用大火快炒至熟，倒入白醋拌勻（如果要有醬香味，可放入醬油 1/2 大匙，用大火嗆香），即成。

雙色椒薯絲
醋溜馬鈴薯

想念的美味

蔥香嫩葉

材料

空心菜葉……適量

調味料

日式醬油……適量

油蔥酥……1大匙

（作法詳見P.164）

作法

1 空心菜葉洗淨，放入滾水中燙熟，撈起，擰乾水份，裝入盤中。

2 淋上日式醬油、油蔥酥，即可食用。

想念的美味

空心菜梗泡菜

材料

空心菜梗……2大把

大蒜末……2大匙

辣椒末……適量

調味料

鹽……適量

白醋……1大匙

作法

1 空心菜梗洗淨，切小段。

2 炒鍋倒入油加熱，放入空心菜梗、蒜末、辣椒末快炒，加入鹽，起鍋前熗一大匙白醋拌勻（也可以再加醬油1小匙呈現醬香味），即成。

想念的美味

空心菜梗辣炒絞肉

材料

空心菜梗泡菜……適量

絞肉……適量

調味料

麻油……少許

醬油……少許

味霖……少許

作法

1 絞肉放入容器中，放入麻油、醬油及味霖拌勻，醃約10～15分鐘。

2 炒鍋倒入油加熱，放入絞肉以中火炒至熟，再續入空心菜梗泡菜快炒一下，即成。

蔥香嫩菜
空心菜梗泡菜
空心菜梗辣炒絞肉

想念的美味

開胃酸黃瓜泡菜

這是在我們家少不了開胃的菜，簡單好吃又省時，還可用來炒牛肉加速拌炒，味道更是一絕，但是建議盡早食用完畢。

材 料

小黃瓜……12條
大蒜……20顆
橄欖油……少許

調味料

玫瑰鹽……2茶匙
白醋……1小碗
赤砂糖……1/3碗

作 法

1 小黃瓜洗淨，全部切成滾刀塊狀，切好放置在容器中；大蒜去皮，備用。

2 加入2大匙的玫瑰鹽（任何的鹽都行）拌勻，大約每20分鐘攪拌一次，醃約40分鐘即可。

3 醃好後，倒掉黃瓜衍生出來的鹹水，這時可試吃一塊小黃瓜，若覺得味道太鹹，則可過一下冷開水，再濾乾。

4 取一個乾淨的飯碗，倒入約8分滿的白醋，加入赤砂糖拌勻，即成糖醋醬（糖醋的比例試個人喜好，隨意調配）。

5 炒鍋倒入橄欖油少許預熱，放入大蒜快速拌炒一下，再加入小黃瓜一起拌炒約30秒（辣椒可隨個人喜好加或不加），倒入調好的糖醋汁拌約30秒，熄火，不可蓋鍋蓋，待涼（這時需隨時翻拌一下黃瓜，才會均勻入味）。

6 等到小黃瓜全涼後，裝入玻璃罐內，放入冰箱冷藏即可。

・保存期限7天左右，但建議儘早食用原完畢。

想念的美味

荷蘭脆絲

材料

荷蘭豆……約1碗量
乾香菇……5朵
絲瓜……1條
紅蘿蔔絲……適量

調味料

胡椒……適量
鹽……適量
香麻油……適量

作法

1 荷蘭豆洗淨，摘除老筋及頭尾端，切細絲；乾香菇浸泡水至軟，切細絲；絲瓜去皮，再剖取綠色表皮（絲瓜囊可以放著煮成粥），切成細絲（俗稱為翠衣絲）。

2 炒鍋加入少許的油預熱，放入香菇絲炒香，續入紅蘿蔔絲、荷蘭豆絲、翠衣絲快炒至熟。

3 放入鹽、胡椒調味，最後倒入香麻油拌勻，即可盛入盤中享用（或者也可以撒些白芝麻增添風味，此道也適合放入冰箱保存，當冷食）。

想念的美味

白花椰泡菜

收到這道禮物版的好友們，或者是到我家作客友人們吃到這道另類的泡菜美食，總是發出讚嘆不已的眼神說：「什麼？白花椰菜不用煮熟也可以做泡菜，太神奇了！」沒錯！這種令人驚豔的料理，只要依照下面作法就能立即體驗到它神奇的魅力！

材　料		調味料	
白花椰菜	1顆	玫瑰鹽	適量
檸檬	3顆	花椒粒	1大匙

作　法

1 白花椰菜洗淨，瀝乾水份，切小顆狀（但別太細小，否則會失去口感），撒上玫瑰鹽（我喜歡用玫瑰鹽，因為味道會回甘不會死鹹），使用份量如醃小黃瓜的比例相同（每30分鐘翻動拌勻一下，醃約2個鐘頭），倒掉鹽水。

2 取檸檬2顆用削皮刀薄薄的刨下來（不能刨到裡面白色部份，這需要點技術，或者可使用刨檸檬皮專用刨刀，刨出來一絲絲很方便的），再把檸檬皮切細絲，檸檬全部擠汁備用。

3 花椒粒放入乾鍋，以小火翻炒至有香味（要有耐心慢炒，因為火候太大會炒焦，味道變苦），取出冷卻（也可以一次多炒一些裝入瓶罐，隨時備用十分方便）。

4 將花椰菜用冷水沖洗（濾掉鹹水），加入花椒粒、檸檬皮絲、檸檬汁拌勻（也可加辣椒絲），拌好後裝入玻璃罐，放在冰箱（偶爾拿出來上下翻動一下，讓味道更透），早上做當天晚上就可吃了（如果喜歡酸甜的口味，還可加入糖拌勻），放冰箱保存一個星期，口感還十分爽脆美味。

在外面用餐很少可以吃到這種泡菜，因此我會特別動手製作白花椰泡菜，這一道也是我在家經常吃的泡菜，口感很爽脆，非常好吃，而且作法十分簡單是耐久存不變味的好滋味！

想念的美味

水波蛋

材料

- 烤吐司……1片
- 雞蛋……1顆
- 酪梨……適量
- 芝麻葉……適量
- 時令水果……適量

調味料

- 黑胡椒……適量
- 玫瑰鹽……適量
- 紅酒醋……適量
- 橄欖油……適量

作法

1 將雞蛋1顆，打開，放在漏網上面（這時會有些許的水份滴下，放約15秒即可）。

2 取一鍋加入適量的水加熱至滾沸後先轉小火，再加半碗冷水降溫至約80°C，倒入白醋1小匙，取筷子在鍋中以圓弧狀劃圈，再放入雞蛋煮約4分鐘，撈起。

3 取一片烤吐司，放上煮熟的雞蛋，擺入盤中，續放入酪梨、芝麻葉、時令水果。

4 再將蛋黃劃破，撒上全部的調味料即可。

煮**水波蛋**的4大完美訣竅

1 把蛋殼打開，再將蛋液放在小孔的漏杓上面，瀝掉蛋白液中含有的水份。

2 將水煮到80度（水燒開轉最小火，然後加入小杯冷水降溫），加入少許的白醋。

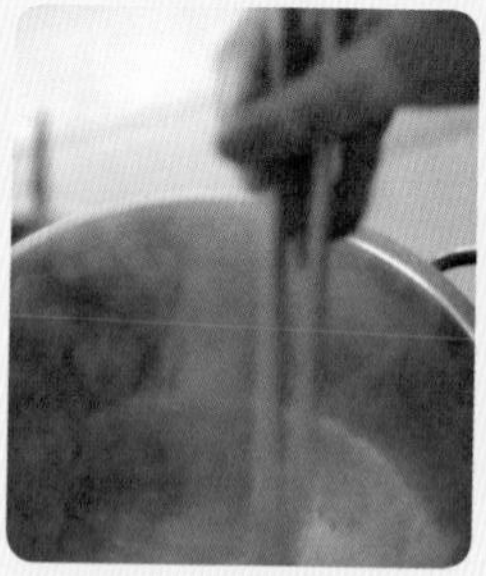

3 用筷子以圓圈狀旋轉湯鍋中的水（可以幫助蛋黃集中在中間）。

4 將蛋放入剛轉圈旋渦的湯鍋中，不要動它，大約煮4分鐘後，撈起，就是一顆外型十分美麗的水波蛋。

想念的美味

蔥燒麵

簡便的食材、超省時的料理，一個人也可以簡單幸福吃，而且湯頭鮮美清爽，麵條吸飽了蔥香、蝦仁及香菇的味道，口感好極了，真是一碗令人十分滿足的好味道！

材　料

- 青蔥............5根
- 乾香菇.........5朵
- 蝦米........ 1大匙
- 麵條........ 1大把

調味料

- 玫瑰鹽...... 適量
- 胡椒.......... 適量

作　法

1. 乾香菇泡水至軟，切絲；蝦米泡水至軟；青蔥洗淨，切段；麵條放入滾水煮至熟，撈起，備用。
2. 炒鍋倒入少許的油加熱，放入青蔥以小火煸至焦黃（有香氣散出），撈起。
3. 續入香菇絲及蝦米煸香，倒入水2大碗、青蔥及煮沸，放入麵條煮熟，再加入胡椒及玫瑰鹽調味，即成。

美味的想念

紅燒牛肉麵

當您自在悠遊在家裡廚房與食材對話，這是一種調劑身心靈最完美的樂活趣味，嚴選好食材，依照自己口感調配專屬的美食，與家人、好友一起分享湯汁的鮮甜、牛肉香氣十足燉到剛剛好的口感，再搭配有嚼勁的麵條，這種極緻的美味唯有親自嘗試才知道！

材料

牛腱心……2條
紅蘿蔔……2條
白蘿蔔……1條
洋蔥……1顆
麵條……適量
蔥花……適量

滷料

醬油……2碗
米酒……2碗
滷味包……1包
油蔥酥……2大匙
糖……1大匙

作法

1 牛腱心整條不切開，先用滾水汆燙，撈起；紅蘿蔔洗淨，整條不削皮不切開。

2 白蘿蔔洗淨，削皮，不切段（但若是長度太長可橫切2段），洋蔥去除外皮，整顆從中間切成6片狀（但不切到底）。

3 全部的滷料放入湯鍋中煮沸，加入洋蔥、牛腱心滷至喜歡的熟度，撈起，放涼。

4 再把紅蘿蔔、白蘿蔔放進滷汁中續滷至入味，撈起；麵條放入滾水煮至熟，撈至湯碗中。

5 食用時，再將牛腱心、紅白蘿蔔切片，鋪在已煮熟的湯麵上，再撒上一點蔥花，即成。

想念的美味

泰式牛肉番茄炒粿條

那一種味道可以記憶一輩子難以忘懷？這道佳餚美食是先生用真心熱能調味而成，讓我以感動之情品嚐，也留給我懂得用感恩的心，細細體會生命的溫度。

材料

粿條............2大片
牛肉片..........半碗
番茄................2顆
芥蘭菜............1把
大蒜末........1小匙

醃料

白胡椒粉......適量
醬油..............適量
糖..................適量
米酒..............適量

調味料

醬油............1小匙
香油............1小匙
魚露............1小匙
黑胡椒粉......少許
鹽..................適量

作法

1 粿條用手撕成小片狀；牛肉片加入全部的醃料拌勻，醃至入味約 20 分鐘。

2 番茄洗淨，切塊；芥蘭菜洗淨，切段。

3 將牛肉片放入熱油鍋中過油，撈起，炒鍋預留適量的熱油。

4 續入番茄快炒出汁，放入大蒜末、粿條、芥蘭菜拌炒至熟，淋入醬油翻炒，加入牛肉片、其餘的調味料拌勻，盛入盤中，即可端上桌食用。

想念的美味

蒸芋頭糕

這道人見人愛的美食，省略了傳統芋頭糕製作的程序，呈現完美香氣撲鼻的芋香味，伴隨著肉燥別具風味的口感，讓人食指大動，這個好滋味也只有自己動手做，才能感受到真食物的美好。

材料

芋頭……1顆
絞肉……半碗
乾香菇末……1/4碗
蝦米……1大匙
蔥花……少許

醃料

糯米粉……1大匙
白胡椒粉……1/4小匙
醬油……1小匙
油蔥酥……1大匙
（作法詳見P.164）
油蔥酥油……1大匙
水……半碗

調味料

白胡椒粉……適量
醬油……1大匙
糖……1小匙
油蔥酥……1大匙

作法

1 芋頭去皮，切絲，加入全部的醃料，用手揉搓約3～5分鐘至入味（醃漬期間會出現多餘的芋頭水）。

2 炒鍋放入少許的油預熱，放入絞肉炒香、續入香菇末、蝦米炒至出味，撒入白胡椒粉及油蔥酥，鍋邊熗入醬油、糖拌勻，即成炒餡料。

3 取用數個小容器，將作法❶依序放入壓緊，再倒入芋頭水，上面擺入炒好的餡料，再壓緊。

4 待全部分裝完成，放入電鍋中，以外鍋水2杯蒸至熟，取出，撒入蔥花，即可食用。

想念的美味

主食百搭

油蔥酥

油蔥酥是各式台灣道地小吃最常使用的配料之一，考量現代的食安問題，因而將改變傳統的製法，以嚴選好油、好食材的手工油蔥酥，訴求著天然、健康、美味的三大關鍵，且此道製作的重點特色是能維持口感保持酥脆不軟爛，越嚼越香醇美味！

材　料

紅蔥頭……………………2公斤

玄米油（耐高溫）………1瓶

調味料

玫瑰鹽……………………1平匙

作　法

1 紅蔥頭去外皮，洗淨，濾乾水份，依序將紅蔥頭全部橫切完成（完成品油蔥呈現小圈圈狀，吃起來更有口感）。

2 取一油鍋，倒入玄米油預熱，以中大火將紅蔥頭炸至微黃時，關火，立即撈起（並瀝乾多餘的油）。

3 將瀝乾的紅蔥頭放入一個大容器內，撒上玫瑰鹽1平匙，快速拌勻（這個動作的重點是讓油蔥酥口感可以保持酥脆不軟爛），待涼。

4 再把油蔥酥分裝到玻璃罐內（約半罐的量），然後倒入蔥油（約九分滿），扭緊瓶蓋，即可移入冰箱保存，方便隨時取用。

自製增香提味的油蔥酥關鍵技巧

1 紅蔥剝除較外層的硬皮，以純手工將每顆橫切成薄片。

2 放置到熱油鍋中，讓它炸到表面略呈微黃即刻撈起（否則高溫會讓油蔥繼續加溫，口感會變苦）。

3 將油蔥酥撈起後，趁熱加少許的鹽（可以保留成品口感的酥香脆），用雙手空甩均勻。

4 等油葱冷卻後，裝入瓶中，再倒入已冷掉的蔥紅油就完成囉！

為了讓紅蔥頭在油時能保持完美的形狀，所以在製作過程中，不要使用鍋鏟翻動，以避免紅蔥頭散掉，口感變差，最好是用長筷子輕輕翻攪，就能維持成品完美的形狀哦！

油蔥酥變化吃法

1 **油蔥拌飯**：只要淋一些油蔥酥在熱飯上，再淋一點好的醬油拌勻，就是美味又好吃的古早味油蔥飯。

2 **咕咕蛋油蔥飯**：有時在熱飯上先放個生蛋黃，再淋上油蔥酥，再淋一點醬油，口感美味的不得了，百吃不厭。

3 **油蔥酥拌麵**：在忙碌的時刻利用幾分鐘煮熟的麵條，搭配現成的油蔥酥拌勻，即是一道快速完成的暖心主食料理。

4 **油蔥酥拌青菜**：簡單的汆燙各種時令的葉菜類、淋入好味道的醬油膏，再搭配現成的油蔥酥，即成一道好吃又開胃的料理。

想念的美味

鮑魚香菇栗子雞翅煲

在家裡也可以利用簡單食材製作出高級餐廳的頂級套餐主菜，只要簡單四種食材搭配組合即成，但是要記得把鮑魚罐頭裡的湯汁加在湯鍋裡，一起慢火煲煮，讓香菇和雞翅也吸滿了鮑魚的鮮香美味，吃起來口感更好。

材料

小鮑魚……1罐
中段雞翅……12個
小香菇……15顆
栗子……15顆

調味料

醬油……半碗
米酒……半碗
XO醬……2大匙
糖……1小匙

作法

1 將中段雞翅洗淨，放入滾水中汆燙，撈起，備用。

2 取一個砂鍋加入油1大匙預熱，放入香菇以小火爆香，擺入小鮑魚（要連汁一起倒入）、中段雞翅、栗子。

3 續入全部的調味料，以大火煮沸，轉小火煨至收汁，即可食用。

美味的想念

無油煙招牌紅糟肉

用「烤」的紅糟肉比傳統「裹粉油炸」紅糟肉美味加倍哦！天然發酵的紅糟有多種食療效果，且含有獨特的香氣，將它調配黃金比例的醃漬醬，與肉塊結合醃至入味，放入烤箱慢火烘烤，呈現油亮的晶瑩色澤，挾著入口，肉質香甜，肥而不膩，真是感動的好滋味。

材料

帶皮五花肉2大條
（不吃肥肉可以改成梅花肉約1斤）

醃料

紅糟	6大匙
蒜頭	5顆
米酒	2大匙
味霖	2大匙
醬油	1大匙
香麻油	1/2大匙
鹽	1小匙

作法

1 帶皮五花肉洗淨，擦乾水份；將醃料的蒜頭去皮，用刀背略拍。

2 將全部的醃料放入容器中攪拌均勻，抹在肉塊上面，再放回醃料汁中醃漬，置入保鮮盒封好，醃約 2 ～ 3 天。

3 取用鋁箔紙包著醃好的帶皮五花肉，放入烤箱，以上下低溫 90 度恆溫烤約 80 分鐘。

4 接著將烤箱調整為上下火 180 度烤約 15 ～ 20 分鐘，至外皮微焦內嫩，取出切片狀，擺入盤中，即可食用。

想念的美味

白花椰泡菜辣炒牛肉片

開胃的花椰菜泡菜，簡單變身也可以呈現另一種新口味。在平底鍋瞬間熱炒，將白花椰泡菜結合香嫩牛肉味，令人百吃不厭，更是一道誠意十足的佳餚。

材　料

白花椰泡菜............2碗量
(作法詳見P.152)
牛肉片............半碗
大蒜片............適量

調味料

太白粉............1小匙
醬油............1小匙
味霖............1小匙
白胡椒粉............少許

作　法

1 牛肉片放入容器中，加入醬油、味霖、白胡椒粉拌勻，再放入太白粉攪拌均勻，醃約1分鐘。

2 炒鍋放入少許油加熱，放入牛肉片快炒撈起，續入大蒜片、白花椰泡菜拌炒一下。

3 再加入已炒半熟的牛肉，快速翻炒一下（若你是重口味者，這時可在鍋邊淋一小匙醬油拌勻會更香），即可盛入盤中，端上餐桌食用。

孜然香烤羊排

羊肩排的料理重點是掌握烤到恰到好的熟度，可以完美保留肉質的湯汁，吃起來就不會乾硬，味道美極了，尤其是接近骨頭位置油脂更是滑嫩好吃，這樣的料理手法讓食客們意猶未盡！即使羊排冷了，肉的口感都還很Q，一點都不澀。

材料

法式羊肋排……約6根

醃料

孜然粉……1大匙
新鮮迷迭香葉……1大匙
橄欖油……2大匙
米酒……2大匙
醬油……1大匙
味霖……1大匙
油蔥酥……1大匙
(作法詳見P.164)
義大利綜合香料粉……1平匙
黑胡椒……少許

作法

1 先將全部的醃料放入容器拌勻，再均勻抹在羊肋排上面，醃約24小時（可放入冰箱冷藏，每隔幾小時翻攪一下）。

2 取出醃好的羊肋排之後，全部用錫箔紙包住，放入烤箱，以上下火約180度烤約25分鐘，取出錫箔紙，再轉上下火200度烤約15～20分鐘，取出，即可食用。

想念的美味

無油煙烤午仔魚

材料

- 中型午仔魚……1條
- 檸檬半顆（對切）……不擠汁
- 迷迭香葉……少許
- 錫箔紙（做成船型）……1大張

調味料

- 醬油……1小匙
- 白酒……1大匙（白葡萄酒或米酒、白蘭地酒均可）
- 紅酒醋……1大匙
- 魚露……1/2大匙
- 味霖……1/2大匙
- 玫瑰鹽……1/4小匙
- 橄欖油……1大匙
- 黑胡椒粉……少許

作法

1 先將全部的調味料倒入容器中拌勻，即成綜合調味醬汁（醬汁的調配比例可隨個人喜好），備用。

2 將午仔魚（我有試用過石斑魚，但成品的味道完全不對味）放入船型錫箔紙裡，先淋一小匙綜合調味醬汁在魚肚內，再放入一小段迷迭香葉在魚肚中，然後把剩下的綜合調味醬汁淋在魚身上面。

3 再放上檸檬片（可以增加香氣），撒上迷迭香葉，然後把錫箔紙四周全部密封，放進烤箱以上下火220度烤約13分鐘。

4 時間到時再把錫箔紙打開露出魚身，接著繼續再烤約4分鐘，上桌時，將魚皮輕輕剝掉，魚肉沾著已烤熟的醬汁食用，肉質的鮮美口感令人十分著迷！

想念的美味

蘿蔔泥燴煮紅條魚

這是一道非常受歡迎的日式海鮮料理。熱愛烹飪實作與分享的我，當然免不了在自家廚房研究這道佳餚的製程，因為研究美食是創作幸福的泉源，再選個好時光，揪個三五好友分享實習成果，在facebook一起記錄歡樂時刻，按個「讚」！

材料

紅條魚……1條
白蘿蔔（去皮磨泥）……1小條

調味料❶

檸檬汁……1顆量
魚露……1小匙
柴魚粉……1小匙
味霖……1小匙
白胡椒粉……1小匙
鹽……適量

調味料❷

芹菜末……1大匙
明太子……1大匙
白胡椒粉……1小匙

作法

1 紅條魚洗淨，用紙巾擦乾水份，以中火油煎至表皮微黃（不需要煎熟，可避免魚肉散掉）。

2 白蘿蔔泥放入平底深鍋中，加蓋，以中小火煮約15分鐘，加入調味料❶料拌勻。

3 輕輕放入紅條魚（要埋入白蘿泥裡去煮），以中小火煮至熟，起鍋前撒入調味料❷，即可盛盤食用。

想念的美味

味噌香魚

材　料	調味料
香魚……6條	黑糖……2大匙
	醬油……1/3碗
	味霖……1/3碗
	味噌……1/3碗
	米酒……1碗
	白醋……2/3碗

作　法

1 香魚香洗淨，用紙巾擦乾水份，全部的調味料放入容器中，調勻（黑糖是當醬色，口感較香不甜），備用。

2 將調勻的調味料倒入平底深鍋裡，擺入一條條香魚，加蓋（微透氣），先開中大火煮沸。

3 再轉小火煨煮約4小時（煮的過程中不可以翻攪魚）至醬汁快收乾（煮至魚骨酥軟，整條皆可食用），關火後，待冷卻，即可將味噌香魚盛入盤中食用。

健康蔬食鹹派（無派皮）

材　料❶

洋蔥末	半顆
蘑菇片	半碗
培根丁	半碗
菠菜末	半碗

材　料❷

中筋麵粉	3/4杯
鮮奶	40cc
披薩專用起司絲	80g
雞蛋	3顆
小蘇打粉	1/4小匙

材　料❸

香草葉	適量

（迷迭香、薄荷、九層塔葉皆可）

調味料

鹽	1/2小匙
黑胡椒粉	少許

作　法

1 取一平底鍋倒入油1小匙，以小火炒香洋蔥末，續入蘑菇片、培根丁拌炒，再加入菠菜末（稍微拌炒一下），續入少許的黑胡椒粉，待涼，擠乾水份，即成綜合蔬菜料。

2 取一乾鍋，倒入中筋麵粉、鮮奶、起司絲，雞蛋（可先攪打均勻），小蘇打粉最後加鹽拌勻後，倒入已擠乾的綜合蔬菜料拌勻。

3 將作法❷倒入模型內，約七八分滿，在上面均勻撒上起司絲，然後取出烤盤，倒入水約200cc（可避免表面太快烤焦掉），而烤箱溫度可以轉上下火約120度，先烤35分鐘。

4 再取出，上面撒些切細碎的香草葉，然後再推進烤箱，溫度再調至150度，續烤約10～15分鐘（要觀察鹹派的顏色變化），等待表面呈金黃色（鹹派上面的香草會呈現香香脆脆的加分效果），即可取出切塊，擺入盤中即成。

想念的美味

菜丸子

記憶中的炸菜丸子總是勾勒起全家人溫馨的畫面，父親負責備料，母親負責油炸鍋，家中兄弟姐妹守秩序來回排隊，等待著新鮮出爐、口感層次豐富的炸菜丸子。外層香酥可口，內層清新鮮甜，是一道令人難以忘懷的好滋味。

材料

洋蔥……2顆
高麗菜……半顆
荸薺……10顆
紅蘿蔔……1條
中筋麵粉……2碗
蛋……2顆

調味料

白胡椒粉……1大匙
鹽……適量

作法

1 全部的蔬菜洗淨。洋蔥去除外層皮膜，切成末；高麗菜，切成末。

2 荸薺削除外皮，切成末；紅蘿蔔削除外皮，切成末。

3 將全部的蔬菜末放入容器中，放入中筋麵粉、蛋液，用筷子攪拌均勻，靜置約 10 分鐘，備用。

4 準備炸油鍋倒入油預熱，依序將作法❸擠成丸子狀，放入熱油鍋中炸至熟，撈起，即可食用。

想念的美味

糖漬香橙

糖漬香橙除了可以切細絲搭配義式生菜沙拉，也可以直接當成零食吃，別具一番鮮果風味，十分適口。或者也可以用來當成午茶時間的升級茶飲，果香味十足！

材　料

香吉士……5顆

調味料

白砂糖……1大碗
白蘭地酒……1大碗
（或萊姆酒）
水……3大碗
檸檬汁……1顆
鹽……1/4茶匙
橄欖油……2大匙

作　法

1 香吉士洗淨，橫切呈圓片狀，放入湯鍋中，依序以一層香吉士一層白砂糖均勻撒上，如此反覆層疊。

2 再倒入白蘭地酒、水、檸檬汁（這些湯汁要蓋過香橙片）、鹽、橄欖油，以大火煮沸，轉小火煨煮至剩約1/4湯汁（大約需4小時，注意不要煮焦！）。

・橄欖油可讓成品的口感更柔軟易入口，也可以避免烘烤時口感變硬。

3 將柳橙片撈起，平放入烤盤，再擺到烤箱裡，以上下火120度，烤約7～8分鐘（要觀察顏色變化，不要烤太焦），即可取出，待涼。

・烤盤要先噴食用油，以免食材黏在盤底。

4 將烤好的柳橙片整齊排放在密封保存容器中，移入冰箱保存（冷藏可放置14天），隨時方便取出食用。

想念的美味

綜合水果優酪乳

這是一道老少咸宜飯後的最佳點心，且可以幫助消化。採用時令盛產的各式水果丁，搭配鮮採的薄荷葉，呈現繽紛的熱情色彩，美好的滋味也會令人上癮。

材料

蘋果丁……適量
香蕉丁……適量
奇異果丁……適量
藍莓丁……適量
原味優格（無糖）……適量
新鮮薄荷葉……適量

作法

1 將蘋果丁、香蕉丁、奇異果丁、藍莓丁，放入容器中。

2 倒入原味優格（也可加入新鮮薄荷葉有提味加分的效果），輕輕拌勻，上面點綴新鮮薄荷葉，即可食用。

美味的想念

蔗蘋蔬果飲

這一道採用天然蔬果熬煮出來保健飲品，喝起來口感十分甘甜，且有助於提升免疫力，適合全家老少的消暑飲品。

材　料

甘蔗……2節
蘋果……1顆
紅蘿蔔……1根
玉米……1根
荸薺……10顆
水……4000c.c.

作　法

1 全部材料洗淨。甘蔗去皮，切塊狀；蘋果留皮，切塊狀。

2 紅蘿蔔去皮，切塊狀；玉米，切塊狀；荸薺洗淨，去皮。

3 全部材料放入湯鍋加水，以大火煮沸，轉小火續煮約20分鐘，濾渣取汁，即可飲用。

想念的美味

水果軟糖（吉利丁軟糖）

晶瑩剔透的QQ軟糖是很多人童年記憶中最喜歡的味道，但是市售成品有很多的糖果會添加化學色素及香料，基於食安考量，最好在家陪著小朋友一起製作純天然水果軟糖，吃起來口感軟綿且富有彈性，而且重點是可以藉此升溫情感，也能共享念念不忘的好滋味。

材　料

明膠片............70克（約28片）
水..................................175克
新鮮現榨柳橙汁.......... 270克
（分成二份使用，80克與190克）
方模型..............................1個

調味料

細白砂糖........................200克
檸檬汁..............................1顆

作　法

1 先將每片明膠片剪成2～3段。

2 把水和柳橙汁80克倒入乾淨的容器中，再把明膠片放入果汁浸泡（要讓每一片的明膠片都沾到水份）。放置幾分鐘後，讓明膠把水份吸收（明膠看起來像一碗豬皮ㄉㄨㄞ、ㄉㄨㄞ的）。

3 再將另一份柳橙汁190克和細白砂糖放在小鍋裡（用不鏽鋼鍋或陶鍋），一邊慢慢攪拌一邊加熱，只要一煮沸立即熄火。

4 再把浸泡好的明膠片倒入作法❸攪拌直到完全融化（表面若有太多泡沫要撈掉），再倒入檸檬汁（可增加香味與一點微酸口感）拌勻。

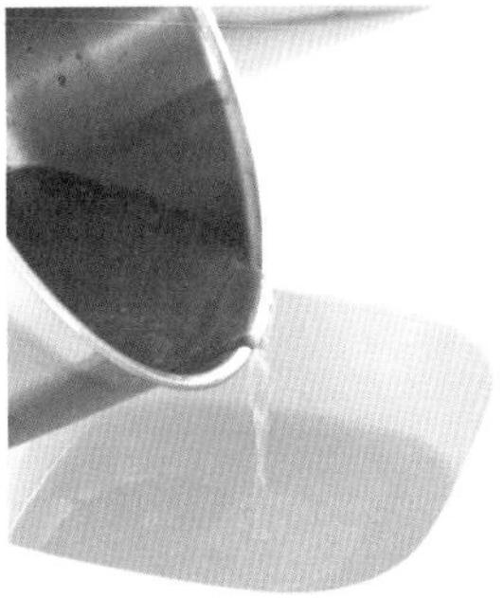

5 倒入模型裡（如果家裡只有其他圓型狀的容器，其實也無妨），不要冷藏，放涼會自動呈凝結狀。

6 用小刀在模型邊（軟糖和模子的邊圍）輕輕劃開（或者也可以把模型底放在溫水裡浸泡一下，讓底部稍微融化一點就可以輕鬆倒扣出來）。

7 這個時候就可隨意裁切自己想要的尺寸大小（或者也可以用各種造型模壓模，因為明膠很有彈性，不太容易切的大小一致），切好最好放在乾燥的地方幾個小時，讓膠質定型了再吃更有口感，完成後可以裝在玻璃罐，用漂亮的彩帶裝飾包裝成禮物般，是分送給親朋好友的幸福好味道。

想念的美味

薑汁藕粉芋圓

材料

生薑……3片
紅棗……10顆
枸杞……20粒
藕粉……3大匙
芋圓……10顆

調味料

黑糖……2大匙

作法

1 將生薑片、紅棗，枸杞及水 3 碗放入湯鍋煮沸，轉小火續煮約 15 分鐘煮至出味，取湯汁，備用。

2 將芋圓放入滾水中煮熟，撈起，瀝乾水份，放入冷開水中浸泡恢復 Q 度。

3 藕粉 3 大匙放入容器中，倒入冷水 5 大匙拌勻，備用。

4 將黑糖放入作法❶ 的湯汁，再放入調好的藕粉拌勻，擺入綿密的芋圓，就是一道美味的甜品（即使沒加芋圓味道也很可口），在冬天熱呼呼的吃一碗，感覺好幸福。

想念的美味

手工芋圓DIY

材料		調味料	
芋頭	1顆	糖	2大匙
糯米粉	2大匙	鹽	1/4茶匙

作法

1 芋頭洗淨，削皮，切塊，放入電鍋中蒸至熟。

2 待稍冷卻微溫時，加入糯米粉、糖、鹽，然後揉搓至綿密。

3 接著可以依個人喜好做成各式不同大小形狀，小顆粒狀可做甜湯用，而大長條狀就可以炸成芋條，當宴客的美味甜品。

延伸閱讀

認識安寧療護

鍾昌宏（台灣安寧照顧協會創會理事長）

安寧療護理念自一九八二年後傳入台灣，但是在一九九〇年二月才在馬偕紀念醫院淡水院區成立台灣第一家安寧病房。雖然安寧病房在台灣已較為普遍設立，但是仍有許多人不甚瞭解或重視安寧療護。安寧療護就是臨終關懷，以前只是照顧癌症末期及漸凍人末期病患，現已開始幫助非癌症疾病末期病患，且有健保給付。**安寧療護所強調的是安樂活，要活得有尊嚴、有品質，不會刻意去延長或縮短病患的生命期，也強調家屬與病患的親情與照顧。**安寧病房的團隊，不只有醫生與護理同仁，還有心靈關懷人員、社工師、心理師、營養師、復健師等團隊組成，更有許多可愛的志願工作者，其中不乏是已逝病友的親屬朋友，回到安寧病房現身說法，用各種才能及愛心幫助及安慰病友與家人。

在每一個安寧病房的硬體與佈置就像家，很溫暖的感覺，也設置了洗澡機、廚房、客廳、家族房等設備。有些病房還有花園、花圃、魚池等溫馨的環境。更特別的是安寧病房除了醫療各種症狀以外，還有意義治療、回憶懷舊治療、音樂治療、美術藝術治療、芳香治療、園藝治療、寵物治療、宗教心靈治療、觸摸及按摩治療及喜樂治療等等，也常舉辦各種活動來幫助病友樂活。

安寧療護不只幫助病友把肉體不適減到最低，心靈也得到平安，也重視病友與親友的互動與親情的把握，能夠傾訴情感、解除怨懟、完成心願，及互道珍重再見。然而，凡事都是定期，天下萬物都有定時，生有時，死有時，月也有月圓盈缺，自古以來死難皆全。至親離我們而去心裡一定哀慟、不捨、回憶與失意。雖然大部份的人對悲傷有所調適，藉由聆聽、分享、認知、輔導等協助，走出悲痛的陰影。然而更期待的是走出陰影後，走入光明美好的未來，能承繼遺願，更能發揚光大，不只幫助自己繼續成長，更能幫助更多的人得到平安與喜樂。

住進安寧病房需經由二位醫師認定為重症末期病患，原先只限癌症及漸凍人末期病患，在二〇〇九年九月新增八大非癌末期疾病，即老年期及初老期器質性精神病態、其他大腦變質、心臟衰竭、慢性氣道阻塞、他處未歸類者、肺部其他疾病、慢性肝病及肝硬化、急性腎衰竭未明示者，以上所示八大非癌症末期，其實是五大器官（腦、心臟、肺臟、肝及腎臟）六大類疾病末期。

這些病患有身體疼痛，不適的症狀及心理精神、心靈需要輔導者，且安寧照顧醫師確定不適合給予治癒性治療，只適合給予緩解性或支持性醫療，且病患及家屬同意放棄心肺復甦術，同意接受安寧照顧，家屬或親友願意共同參與照顧，在症狀及情況改善後，得出院或接受居家照護。**安寧病房推行五全照顧，即全人（身心靈）照顧、全家照顧、全程照顧、全隊照顧及全區照顧。**

二〇一一年修正安寧緩和醫療條例，通過經醫生認定距臨終二至四周病患，在醫療委任代理人或病患的最近親屬簽署，可終止或撤除已施予的心肺復甦術等維生設施，即可決定拔管。但此條例不適用於植物人，因為植物人只是大腦功能受損無法表達，但腦幹功能仍可維持正常的心跳血壓，並不算是「末期」病患。

請沿虛線剪下後對摺裝訂寄回，謝謝！

廣告回信
北區郵政管理局登記證
北台字第10158號
免貼郵票

城邦出版集團 **原水文化事業部　收**

104　台北市民生東路二段141號8樓

美味的記憶

幸福溫馨的療癒廚房

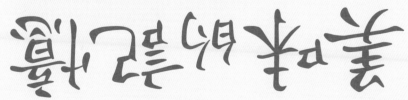

讀者回函 HD7009

親愛的讀者你好：

為了讓我們更了解你們對本書的想法，請務必幫忙填寫以下的意見表，好讓我們能針對各位的意見及問題，做出有效的回應。

填好意見表之後，你可以剪下或是影印下來，寄到台北市民生東路二段141號8樓，或是傳真到02-2502-7676。若有任何建議，也可上原水部落格http://citeh2o.pixnet.net留言。

本社對您的基本資料將予以保密，敬請放心填寫。

姓名：________ 性別：□女 □男

電話：________ 傳真：________

E-mail：________

聯絡地址：________

服務單位：________

年齡：□18歲以下 □18~25歲 □26~30歲 □31~35歲 □36~40歲 □41~45歲 □46~50歲 □51歲以上

學歷：□國小 □國中 □高中職 □大專/大學 □碩士 □博士

職業：□學生 □軍公教 □製造業 □營造業 □服務業 □金融貿易 □資訊業 □自由業 □其他________

個人年收入：□24萬以下 □25~30萬 □31~36萬 □37~42萬 □43~48萬 □49~54萬 □55~60萬 □61~84萬 □85~100萬 □100萬以上

購書地點：□便利商店 □書店 □其他________

購書資訊來源：□逛書店／便利商店 □報章雜誌／書籍介紹 □親友介紹 □透過網際網路 □其他________

其他希望得知的資訊：（可複選）

□男性健康 □女性健康 □兒童健康 □成人慢性病 □家庭醫藥 □傳統醫學 □有益身心的運動 □有益身心的食物 □美體、美髮、美膚 □情緒壓力紓解 □其他________

你對本書的整體意見：

請沿虛線剪下後對摺裝訂寄回，謝謝！

HD7009

美味的記憶 幸福溫蒂的療癒廚房

作　　者／溫蒂（Wendy）
出版策劃／朱奔野
人物採訪／魏棻卿
食譜採訪／陳玉春
企劃選書／林小鈴
主　　編／陳玉春

行銷副理／王維君
業務副理／羅越華
總 編 輯／林小鈴
發 行 人／何飛鵬
出　　版／原水文化
台北市民生東路二段141號8樓
電話：02-2500-7008　傳真：02-2502-7676
網址：http://citeh2o.pixnet.net/blog　E-mail：H2O@cite.com.tw
發　　行／英屬蓋曼群島商家庭傳媒股份有限公司城邦分公司
台北市中山區民生東路二段141號2樓
書虫客服服務專線：02-25007718；02-25007719
24小時傳真專線：02-25001990；02-25001991
服務時間：週一至週五上午09:30-12:00；下午13:30-17:00
讀者服務信箱E-mail：service@readingclub.com.tw
劃撥帳號／19863813　戶名：書虫股份有限公司
香港發行／香港灣仔駱克道193號東超商業中心1樓
電話：852-2508-6231　傳真：852-2578-9337
電郵：hkcite@biznetvigator.com
馬新發行／城邦（馬新）出版集團
41, Jalan Radin Anum, Bandar Baru Sri Petaling,
57000 Kuala Lumpur, Malaysia.
電話：603-905-78822　傳真：603- 905-76622
電郵：cite@cite.com.my

城邦讀書花園 www.cite.com.tw

美術設計／茶米水谷設計工作室
食譜攝影／林宗億
人物攝影／雅堤斯攝影工作室（蔡浩崴．Vincent）
插　　畫／趙震雄
製版印刷／科億資訊科技有限公司
初版／2014年6月5日
定　價／320元
ISBN：978-986-5853-34-1(平裝)

國家圖書館出版品預行編目資料

美味的記憶：幸福溫蒂的療癒廚房 / 溫蒂(Wendy)著. -- 初版. -- 臺北市：原水文化出版：家庭傳媒城邦分公司發行, 民103.06
面；　公分
ISBN 978-986-5853-34-1(平裝)
1.飲食 2.文集
427.07　　103002362

活出新滋味

檢視你我的人生，是否常因著失去後
或即將面臨失去才激發改變生活與習慣的動力，
也許是身心靈健康的大洗滌，
也許是飲食的大調整，
也許是人際關係的大風吹，
一個人也要好好過，
請拿掉苦情與哀傷，相信生命會再次蛻變，
勇敢的面對新生活，享受新生活，
善待自己，照顧好自己，那也是幸福。

生活其實是一種態度，一種選擇，
你的人生，只有你自己能做決定，
為自己選擇快樂，誠實的面對自己。
現在就開始，去實現那被歲月遺忘的夢想吧！